日本经典技能系列丛书

（日）技能士の友编集部　编著

机械图样解读

张晨阳　朱　伟　译

机械工业出版社

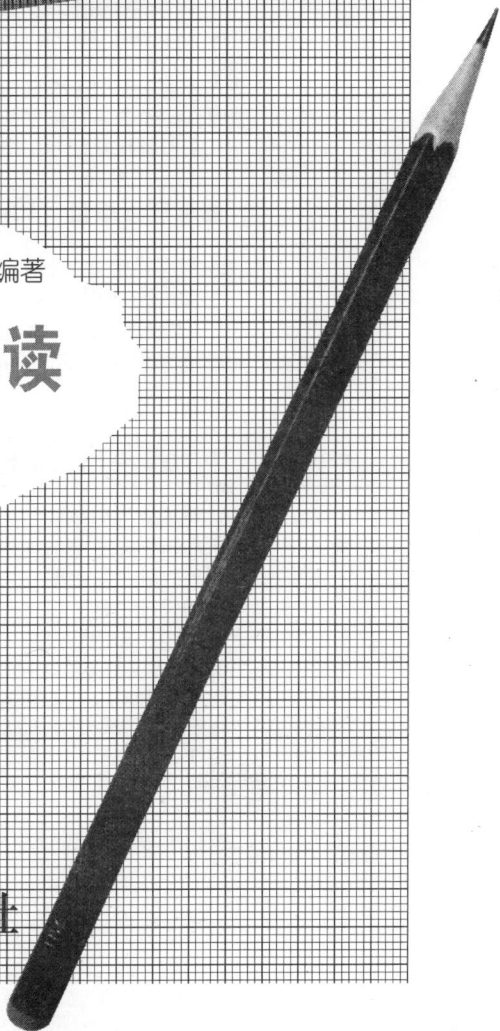

机械加工时，必须用到机械图样。由于机械图样根据统一的标准绘制，设计者和加工者不用见面，即可通过机械图样进行交流。本书详细介绍了既能准确传达设计者意图，又方便加工者操作的机械图样。主要内容包括：解读图形、识读图样尺寸、识读机械零件和正确理解机械图样。本书基于 JIS 标准（日本工业标准），为了方便中国读者阅读，一些内容按照中国现行标准进行了适当改造和注释。

本书可供初级机械加工工人入门培训使用，还可作为设计人员和相关专业师生的参考用书。

"GINO BOOKS 12：KIKAI ZUMEN NO YOMIKATA"
written and compiled by GINOSHI NO TOMO HENSHUBU
Copyright © Taiga Shuppan, 1973
All rights reserved.
First published in Japan in 1973 by Taiga Shuppan, Tokyo
This Simplified Chinese edition is published by arrangement with Taiga Shuppan, Tokyo in care of Tuttle-Mori Agency, Inc., Tokyo

本书版权登记号：图字：01-2007-2340 号

图书在版编目（CIP）数据

机械图样解读/（日）技能士の友编集部编著；张晨阳，朱伟译. —北京：机械工业出版社，2009. 10（2024. 1 重印）
（日本经典技能系列丛书）
ISBN 978-7-111-28399-7

Ⅰ. 机… Ⅱ. ①技…②张…③朱… Ⅲ. 机械图—识图法 Ⅳ. TH126. 1

中国版本图书馆 CIP 数据核字（2009）第 173313 号

机械工业出版社（北京市百万庄大街 22 号 邮政编码 100037）
策划编辑：王晓洁 荆宏智 责任编辑：王晓洁
版式设计：霍永明 责任校对：姜 婷
封面设计：鞠 杨 责任印制：任维东
北京中兴印刷有限公司印刷
2024 年 1 月第 1 版第 10 次印刷
182mm×206mm · 6. 833 印张 · 196 千字
标准书号：ISBN 978-7-111-28399-7
定价：35. 00 元

电话服务 网络服务
客服电话：010-88361066 机 工 官 网：www.cmpbook.com
　　　　　010-88379833 机 工 官 博：weibo.com/cmp1952
　　　　　010-68326294 金 书 网：www.golden-book.com
封底无防伪标均为盗版 机工教育服务网：www.cmpedu.com

出版说明

　　为了吸收发达国家职业技能培训在教学内容和方式上的成功经验，我们引进了日本大河出版社的这套"技能系列丛书"，共 17 本。

　　该丛书主要针对实际生产的需要和疑难问题，通过大量操作实例、正反对比形象地介绍了每个领域最重要的知识和技能。该丛书为日本机电类的长期畅销图书，也是工人入门培训的经典用书，适合初级工人自学和培训，从 20 世纪 70 年代出版以来，已经多次再版。在翻译成中文时，我们力求保持原版图书的精华和风格，图书版式基本与原版图书一致，将涉及日本技术标准的部分按照中国的标准及习惯进行了适当改造，并按照中国现行标准、术语进行了注解，以方便中国读者阅读、使用。

目　录

目　录

识读机械图样时，只能把绘制在平面上的图形还原成立体的实物是不够的。

真正的读图是能够通过图样充分理解设计者的意图，以及忠实地反映到被加工的实物。因此，在熟悉读图规则的基础上，还必须考虑如何更好地进行加工。

本书就是从生产实际中选出一些范例，站在使用者的角度上，归纳出了机械图样的解读方法。

解读图形

　　把立体的实物用平面图形表现出来，就必须知道对此物体的观测方向以及绘图原则。一般将其称作制图标准，本书所讲的制图标准是根据日本工业标准（JIS）制定的。

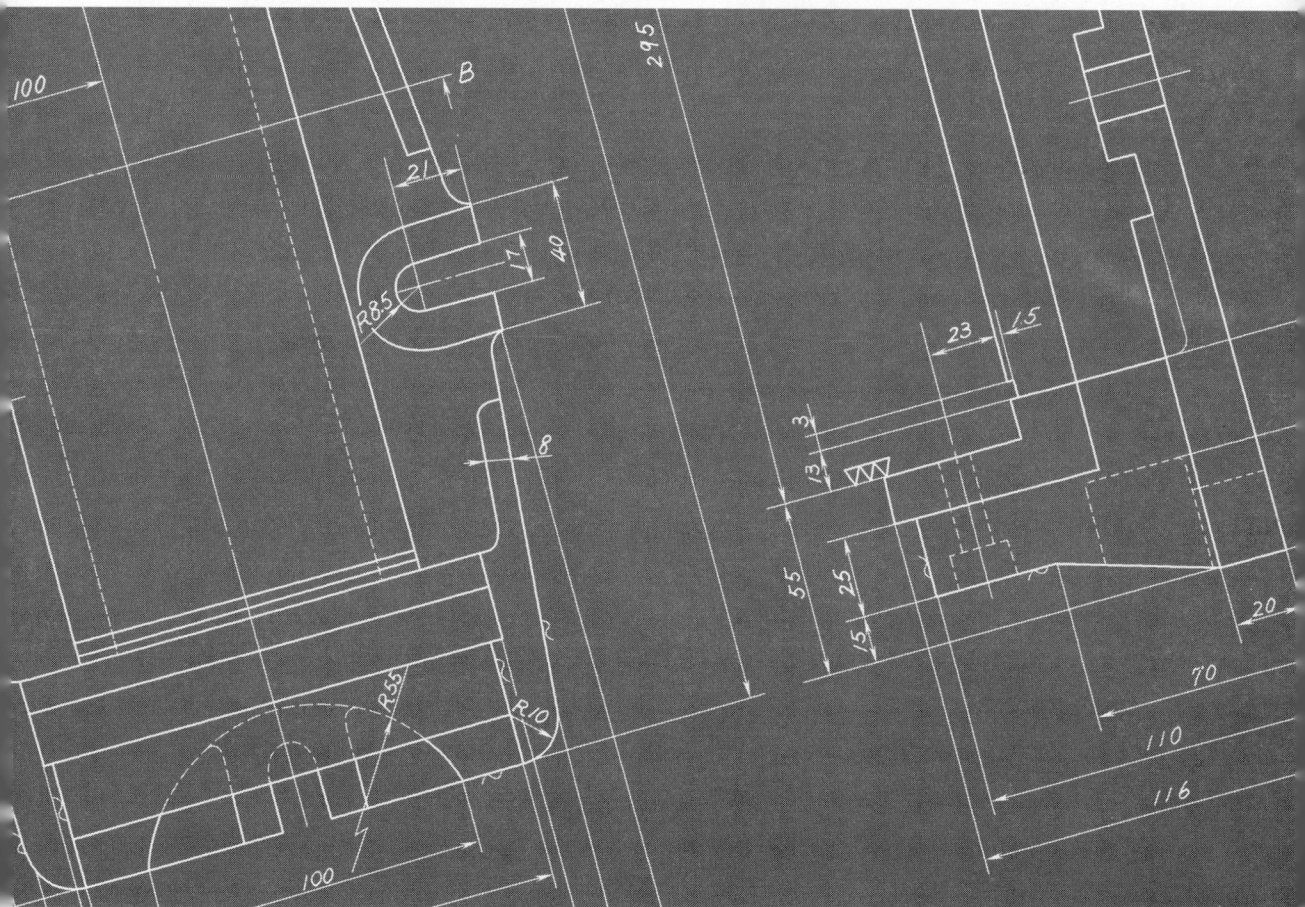

机械图样的相关知识

种类

图样按照用途来划分，有加工图、计划图、订货图、批准图、报价图、说明图等。机械加工工人经常使用加工图。

加工图按照内容又可分为下列几种：

● **零件图**

详细表达要加工的机械零件的每一个细节，工人将依照它进行加工。因此，必须记载加工所需要的一切内容。

● **装配图**

表现把零件成品组装完成的状态。由其可以知道各个零件的联接关系，并可依照图样进行装配。

另外，超大物体以及构造复杂的物体有时在一张图样上画不开，可以分成若干区域分别画装配图，这种情况称作部分装配图。

● **工艺图**

为了便于按照零件图加工零件，在工艺图中绘制了每道工序的图样。其中特别是对其加工方法进行正确地说明，可认为是针对加工者而绘制的图样。

大小

如果图幅大小不一，保管和使用都非常不便。为此，JIS 机械制图标准中规定了图幅的尺寸分为 A0、A1、A2、A3、A4 共五种规格。

尺寸最大的是 A0 图纸，表示图纸的尺寸是 A 类 0 号图的意思，图纸面积正好是 1m²。

如下图所示 A0 的一半大小就是 A1，A1 的一半就是 A2。这样，A1→A2→A3 每一种依次对折，图纸的幅宽和长度之比始终是 $1 : \sqrt{2}$。

图纸的尺寸除了 A 类以外还有 B 类。B 类主要用于书和招贴类，制图中一般不使用。

A0=1189mm × 841mm

A1=841mm × 594mm

A2=594mm × 420mm

A3=420mm × 297mm

A4=297mm × 210mm

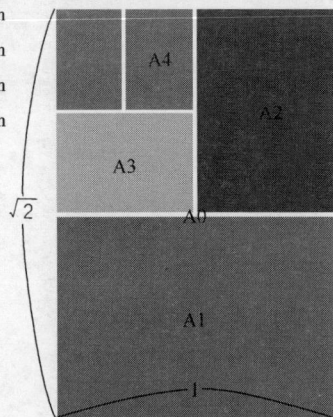

▲**图纸的尺寸和比例**（A 类图纸尺寸）

图样按照用途和画法的不同是有区别的。最初绘制机械图样时，首先是由设计者绘制原图，然后按照原图描绘在描图样上，最后把原图显像在感光纸上，这样图样就完成了。

式样

图样的式样分为一件一图和多件一图，其分别有如下特征。

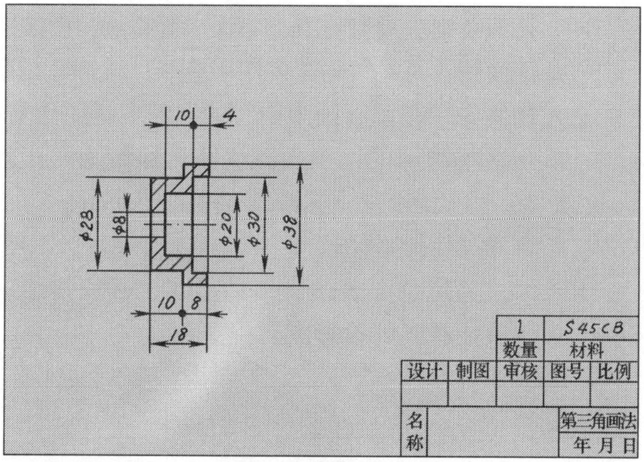

▲ 一件一图

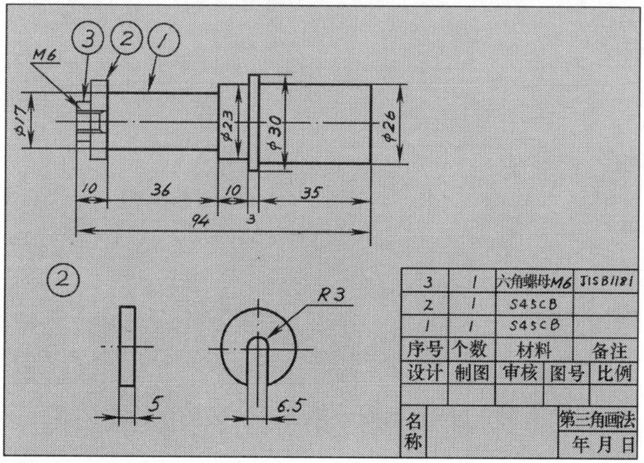

▲ 多件一图

● 一件一图

与机械图样的大小、难易等无关，每一个零件绘制一张图样的方式。

其特点是：每一个零件都绘制一张图样，形成一个个零件的加工内容都很清楚的图样。可是，即使是简单的零件和小型零件都要各自单独绘制一张图样，很麻烦。

● 多件一图

把装配图的一部分或者全部零件绘制在一张图样中的方式。

这种情况，可以把装配图和零件图集中绘制在一张图样中。

其特点是：零件和相互之间的装配关系明确易懂，还可减少图样的数量。可是，因为图样上往往还标注了一些加工中不必要的尺寸，在加工时容易看错尺寸。

投影法

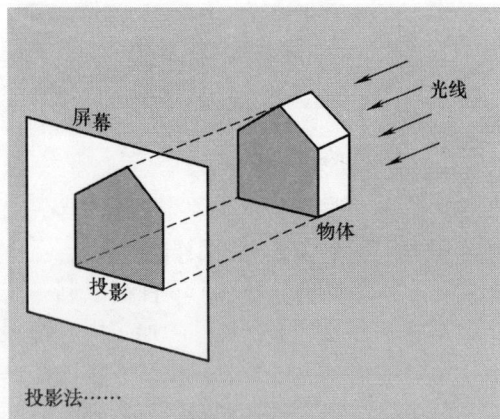

光线

屏幕

物体

投影

投影法……

常见机械图样都是遵循投影法绘制的，所以必须理解投影法的概念。

把立体的物体表现在平面的图样上，沿什么方向观察、必须画在什么位置上、用什么方法绘制都是有规定的。

在离开物体一定距离的地方放置一个和物体一面平行的屏幕，当和此屏幕垂直的光线照射物体时，物体前面形状的投影就映射在屏幕上。这个屏幕所在的平面就是投影面，映射在屏幕上的影像就是投影图。

● **4 个空间和画法**

两个垂直相交的投影面，将空间分成 4 个部分，构成了 4 个直角面。在这个空间中从右上方开始逆时针旋转，依次称作第一分角、第二分角、第三分角、第四分角。

将物体置于空间中绘制投影图时，必将

放置于第一～第四角的 4 个分角中，用第二角画法和第四角画法在平面上绘制投影时，这 2 种投影法都会产生重复的、较难理解的图形。因此，在 JIS 机械制图标准（JIS B 0001）投影图中规定使用第三角画法。

在各种制图中，特别是机械制图中，由于第三角画法具有易看、错误少等特点，而被广泛使用。第一角画法多用于造船、建筑等大型物体中，在以英国为中心的欧洲广泛应用⊖。与之相对应的第三角画法又被称作美国式画法，在美国的机械制图领域中广泛使用。

● **各视图的名称**

要想全面表达物体的形状，必须描绘从各方向看到的投影图。

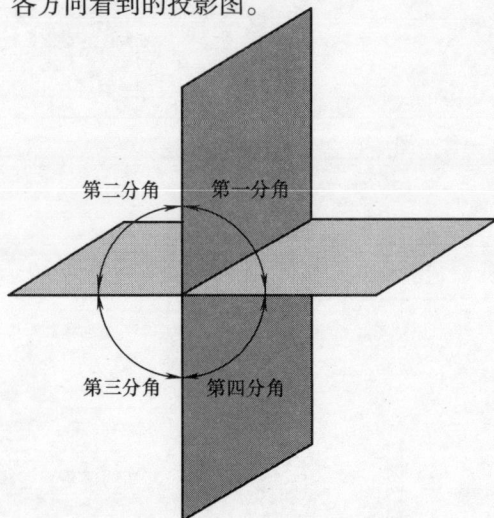

第二分角　　　第一分角

第三分角　　　第四分角

▲第一分角~第四分角的 4 个空间

⊖ 中国、德国、法国、前苏联等国家都采用第一角画法。——译者注

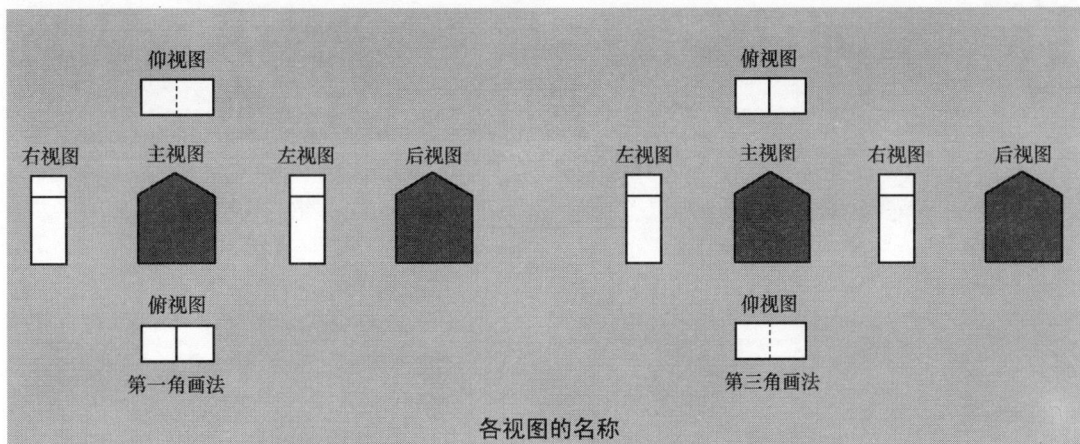

各视图的名称

仰视图　主视图　左视图　后视图　　　俯视图　主视图　右视图　后视图

右视图　　　　　　　　　　　　　　　左视图

俯视图　　　　　　　　　　　　　　　仰视图

第一角画法　　　　　　　　　　　第三角画法

一般认为，光线在物体正面由前向后投射所得的视图称作主视图。

此外，由物体的上方向下观看所得的视图称作俯视图。从物体的侧面观看所得的视图称作侧视图。

在侧视图中，相对于主视图从物体左方向观看所得到的视图称为左视图，从物体右方向观看所得到的视图称为右视图。从下方观看所得到的视图称作仰视图。

在上述的主视图、俯视图、左视图、右视图、仰视图中，为了完整表达一个物体，可以把5个投影图全部绘制出来。但是实际应用中，仅画出能够表达物体形状的视图即可，数量越少越好。

通常，画出主视图、俯视图和一个侧视图就可以大致把图样表示清楚。其中，可只有主视图和俯视图，或者只有主视图和侧视图。甚至，在不少情况下仅仅有主视图就能充分表达形状简单的物体。

● "主视图"的选择方法

另外，物体的主视图和侧视图的选择并没有严格的规定，一般把最能够表现物体整体结构形状特征的视图作为主视图。要注意，并没有专门规定只有哪个面是主视图的面。

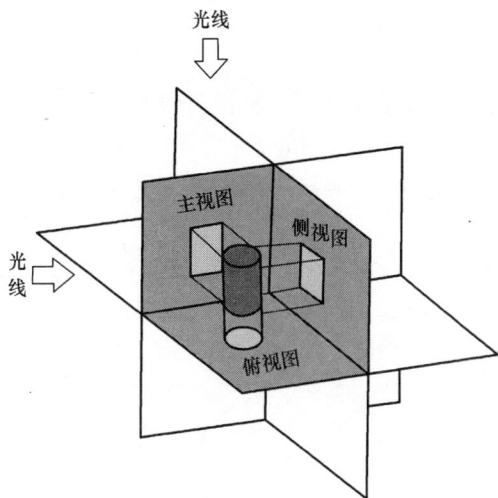

▲三视图（主视·俯视·侧视）

9

第一角画法

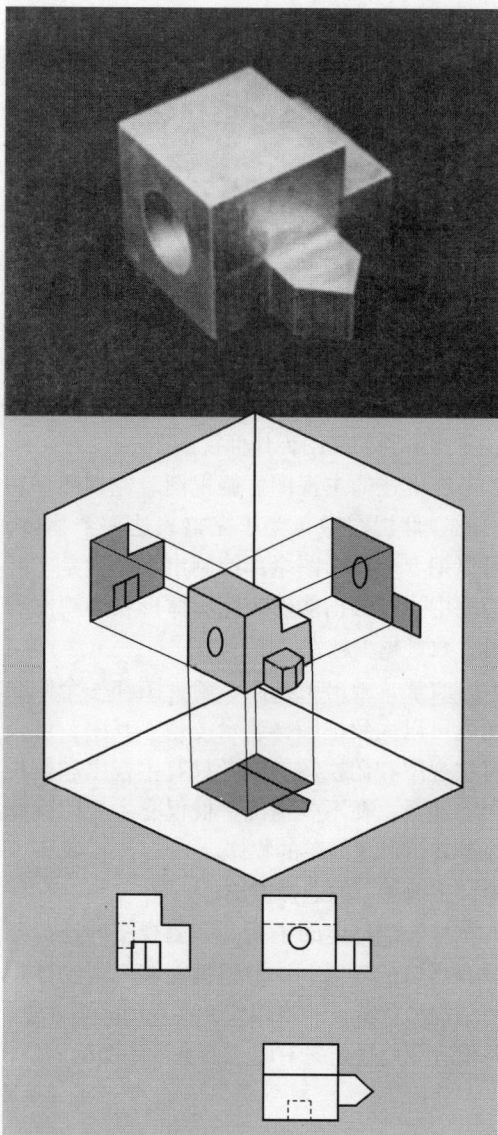

▲用第一角画法表示照片中的物体

● 投影面

将物体置于第一分角内进行投射，把投影面在同一水平面上展开，并在主视图的下方绘制俯视图。

因此，第一角画法是把物体从正面看到的形状投射到后方的垂直面中，把物体从上面看到的形状投射到下面的水平面中。

同样在侧视图中也是把从右面看到的形状投射到左侧的垂直面中，把从左面看到的形状投射到右侧的垂直面中。

这样，第一角画法的原则就是：始终将物体置于垂直投影面的前面。

将在各投影面绘制出的主视图、俯视图、右视图展开，就得出以主视图为中心、下侧对应俯视图、左侧对应右视图的配置方式。

● 注意视图的方向

对于主视图来说，如果是左右对称的，则不必考虑俯视图、侧视图的方向，非对称时，必须注意视图的方向，不能出错。

在第一角画法中，把物体垂直立于投影面中，侧视图和俯视图是相对于主视图向外侧展开的图形。

即主视图投影面不动，俯视图向下方展开，右视图向左外侧展开。

第三角画法

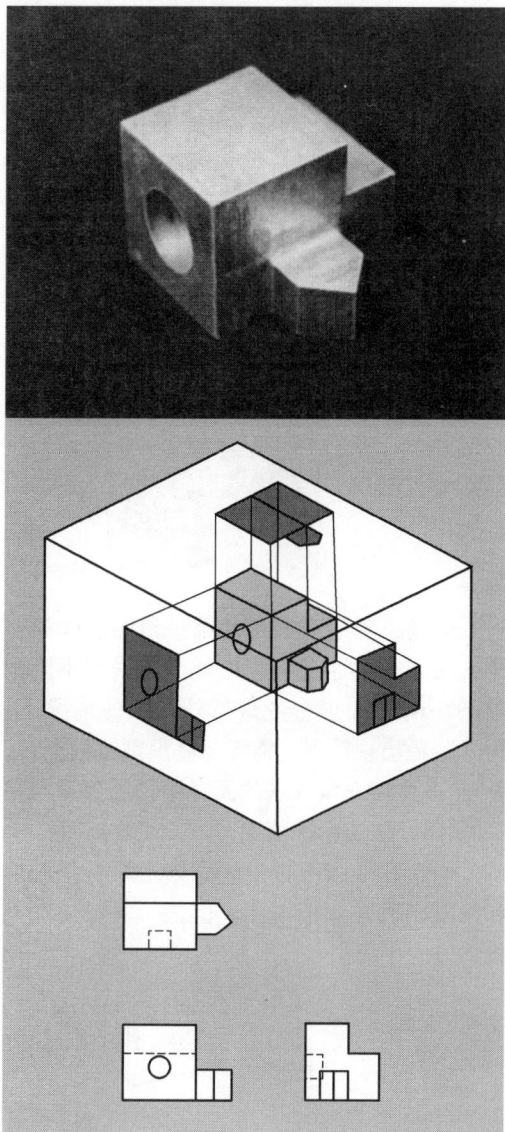

▲用第三角画法表示照片中的物体

● **投影面**

将物体置于第三分角内进行投射，把投影面在同一水平面上展开，并在主视图的上方绘制俯视图，在主视图的右侧绘制右视图。

这是和第一角画法相反的。

第三角画法是把从正面看到的物体形状投影到位于物体前面的投影面上去；把从物体上方看到的图形即上方的平面直接当作投影面画出。侧视图也是如此，把右视图放在主视图的右侧，左视图放在左侧，各自沿着投射线配置。这样，就把投影面置于物体和观测者眼睛之间的位置。

● **注意视图的方向**

在第三角画法中，因为各投影面总是置于物体的前方，所以展开时视图是指向内侧的。

因此，第一角画法和第三角画法的投影图配置和视图的朝向是不同的。

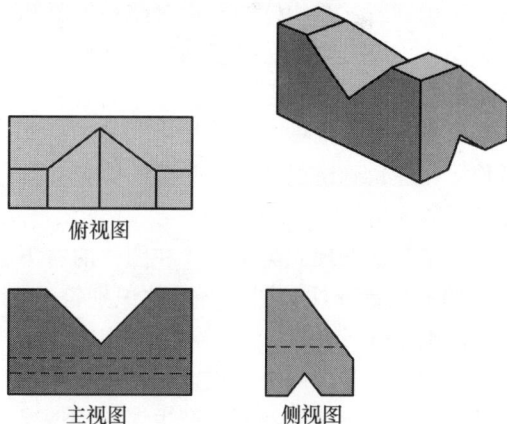

俯视图

主视图　　　　　　侧视图

▲第三角画法的投影面朝向内侧

11

第一角画法与第三角画法的区别

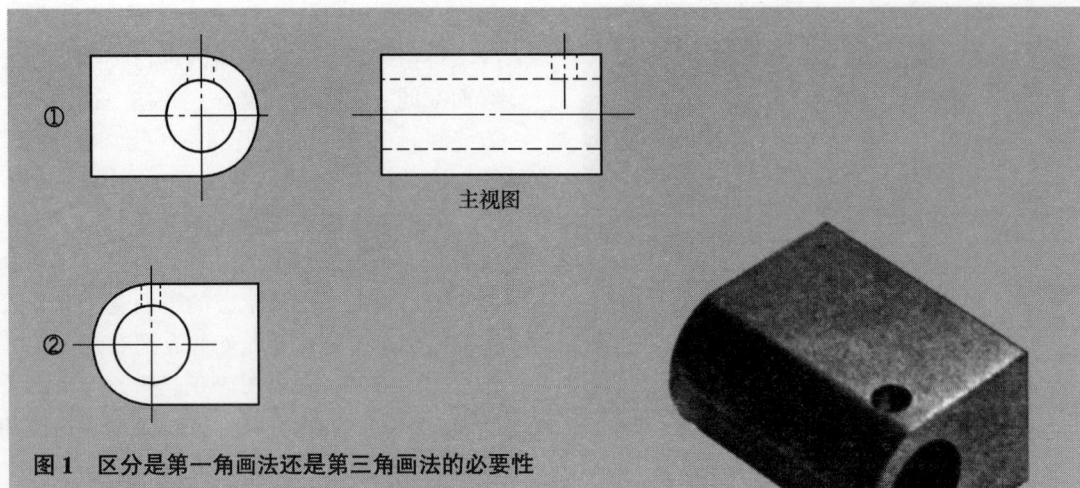

図1 区分是第一角画法还是第三角画法的必要性

● **必须明确表示是第一角画法还是第三角画法的情况**

图1中物体的侧视图哪一个是正确的呢？在现有条件下还不能够确定。此时，如果不确定是第一角画法还是第三角画法，就不能做出正确判断。与物体的照片对照一下就知道，①作为第三角画法是正确的，②作为第一角画法也是正确的。

可是，仅仅依靠图样，如果加工者把②看作了第三角画法的视图，小孔的位置就会在相反的一端。

为了防止出现此类错误，在图样的右下方的明显位置标注如图2所示的识别符号，用以区别投影画法。

在同一企业内部统一规定了用第一角画法还是第三角画法以及不会产生误会的情况下，通常不必特意标注区别投影画法的识别符号。

但是，对于有些正从第一角画法向第三角画法转变的企业和把图样交与采用不同投影画法的外加工企业进行外加工的情况下，为了避免出现错误，需要标注识别符号。

● **在采用第一角画法的图样中，局部采用第三角画法表示的情况**

通常在一张图样中，原则上第一角画法和第三角画法不能混用。但是，可在局部把投射方向用箭头和符号标出，如图3所示，采

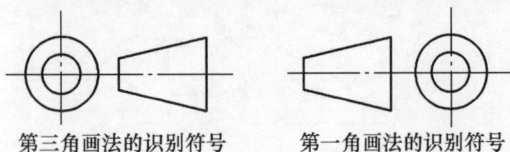

第三角画法的识别符号　　第一角画法的识别符号

图2 区别第一角画法和第三角画法的识别符号

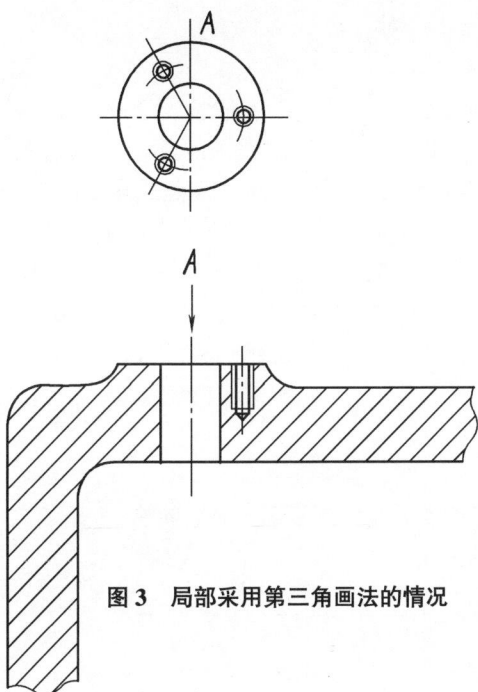

图3 局部采用第三角画法的情况

用第三角画法，只把此部分画出。如果这种情况下还采用第一角画法，将很难表示清楚。

● **第三角画法的优点**

在画细长物体时，如图4所示，如果用第一角画法描绘，由于从右侧看到的侧视图画在左侧，和想要表现的图形位置相距较远，不宜观察。

如把它用第三角画法表达，因为是把从右侧看到的侧视图立即就在右面表达出来，主视图和侧视图的位置关系非常明确易懂，尺寸也易于标注。

可以认为，像以上这样细长的物体采用第三角画法可以绘出清楚易懂的图样。

其他适合采用第三角画法的场合主要还有：

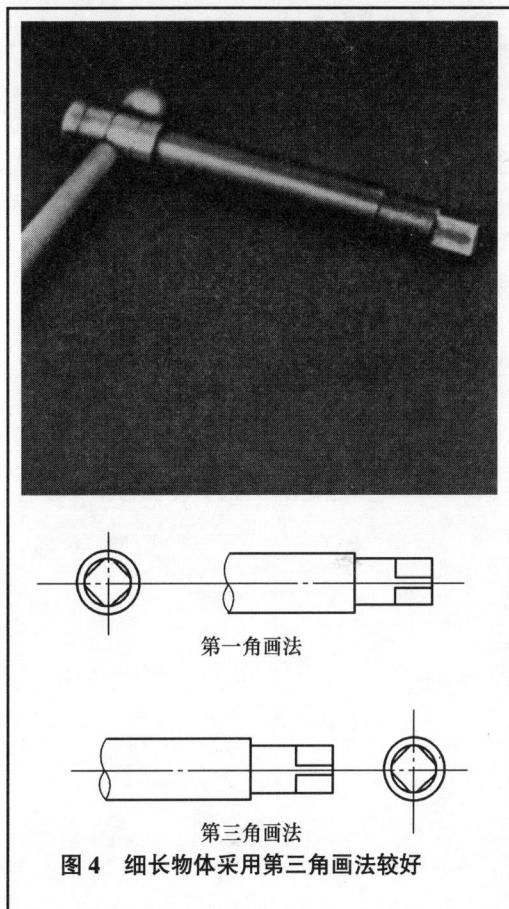

第一角画法

第三角画法

图4 细长物体采用第三角画法较好

①在两个投影图中间标注尺寸时，可以防止重复标注、漏注、标注错误等。

②绘制辅助视图（斜视图）、局部视图时，可以在紧靠原图的部位绘制，非常易于读图（后面详述）。

③在采用断面图时，由于用第一角画法绘制的图样需要混用第三角画法，因此必须在这些有区别的地方作出明确标志，因此会产生不便。

13

斜视图

当物体的一些结构倾斜时，仅仅用如前所讲的垂直投影面，不能够表示其实际的形状。在这种情况下，考虑在和物体倾斜面平行的位置设置一个投影面，在这个投影面上绘制出斜面的形状，这种方法叫做辅助投影法，所得到的视图称为斜视图。

特别是对于垂直于斜面的孔和槽，用这种投影法能够按照实际的尺寸画出它的形状、配置等，还易于标注尺寸。

一般情况下，只在需要重点表示的部位用辅助投影法表示，其他部分可省略。

绘制这样的斜视图时，为了便于理解，最好在原图的附近绘制，所以全部使用第三角画法表示。

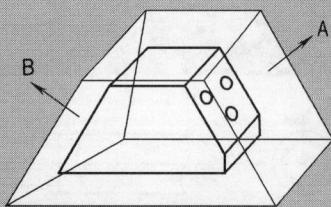

▲斜面上的孔和槽等的斜视图

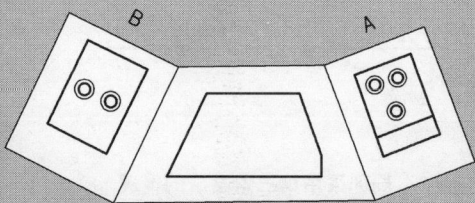

▲整个倾斜面的斜视图

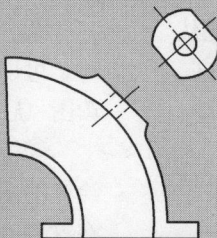

▲倾斜面局部的斜视图

局部视图

仅仅表示物体水平面或垂直面的一部分形状的图形称作局部视图。把向水平投影面投影的视图称作局部俯视图，向垂直投影面投影的视图称作局部侧视图。这种情况下均是用第三角画法表达。

在其他一些情况下，也能够使用局部视图。例如，左右两侧面不同的物体，只在一个方向的侧视图中全部表示出可见的部分，有时反而难以看清。这种情况下，如果将左右侧面的局部视图分别画出，即把左侧部分绘制出左视图，右侧部分绘制出右视图，则非常清楚易懂。

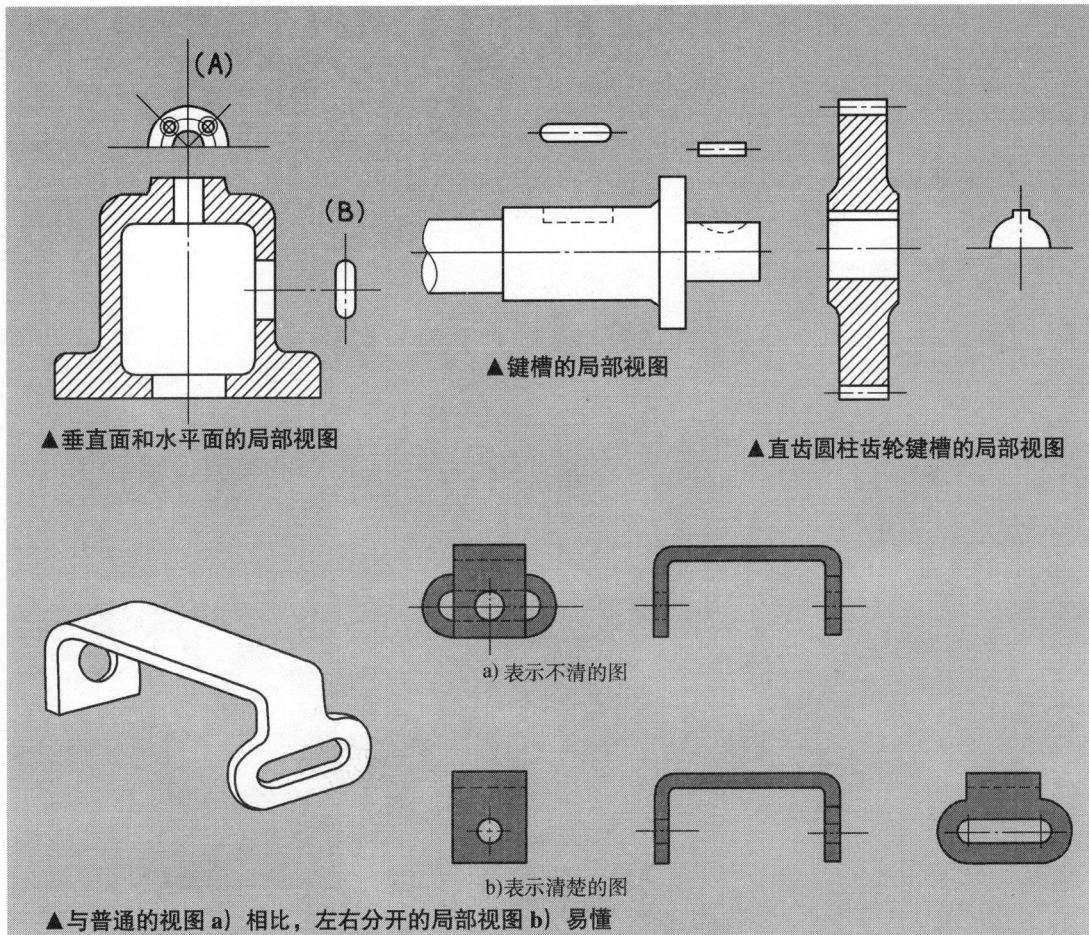

▲垂直面和水平面的局部视图

▲键槽的局部视图

▲直齿圆柱齿轮键槽的局部视图

a) 表示不清的图

b)表示清楚的图

▲与普通的视图 a) 相比，左右分开的局部视图 b) 易懂

15

轴测图

识读机械图样时，完成将原料加工为成品的第一步，就是把用第三角画法或者第一角画法描绘在平面上的视图在脑海中想象出立体的物体实形。

观察此视图的立体模型

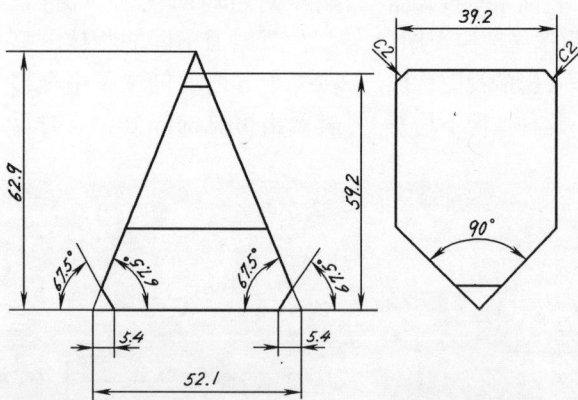

第三角画法

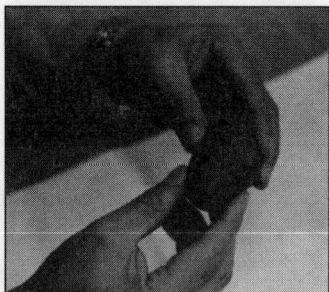
▲把粘土揉成块

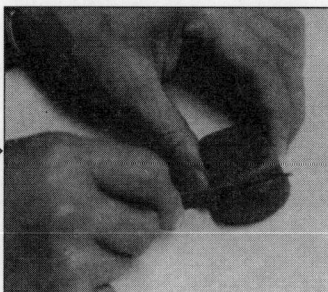
▲捏成立方体

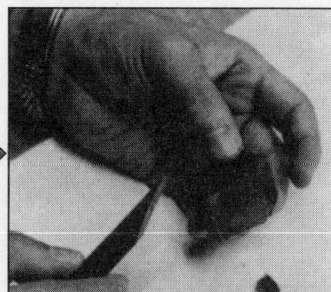
▲参看主视图切削大体形状

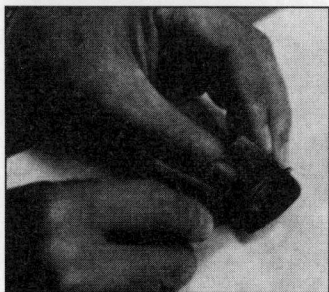
▲参看侧视图切削细节部分

▲完成粘土制作的立体模型

▲实际的物体

简单的视图很快就能够看出其实形，但复杂或容易看错的图样，首先用粘土等制成立体模型。除了粘土之外，还可用能够自由改变形状的柔软物质，或者易于切削的木材、炭、石灰来制作模型，这些可用小刀方便地切削，小个模型可用粉笔等切削而成。

这是非常有效的验证方法，特别是对复杂的组合零件和台阶方向容易混淆的物体等。

观察此视图的立体模型

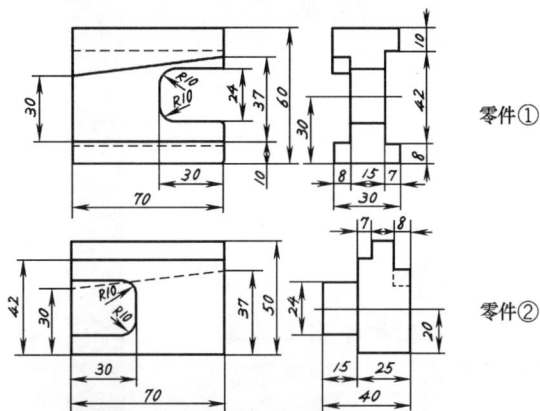

零件①

零件②

第三角画法

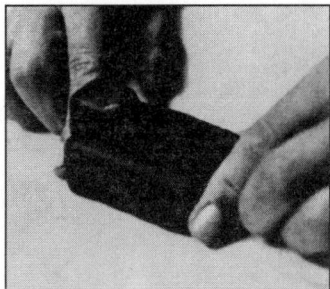

▲先把容易制作的凸起部分做好

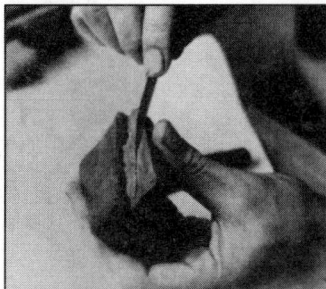

▲用小刀切出台阶

▲粘土制作好的立体模型

▲实际的物体（零件①）

▲实际的物体（零件②）

▲组装后的实际物体

正等轴测图的画法

把绘制在同一平面上，看起来宛如三个面都能看到的富有立体感的图形，称作立体图。

在立体图中，把左右等角度的画法称作正等轴测图法，如下图所示，以左右各倾斜起 30° 角为原则。

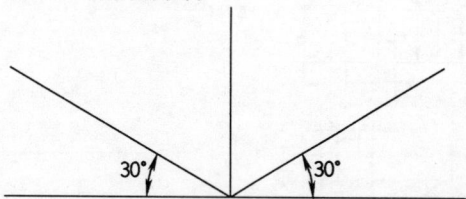

左右仰角不同时，可以称作不等轴测图，由于较难正确的绘出，所以通常很少使用。

因为在看物体时，距离越远物体看起来越小。所以，若要正确的绘制立体图，应该适当地画小一点。在正等轴测图的画法中，使用等角投影图尺（为普通尺寸 0.82 倍的缩小尺寸）就可以正确地画出来。

可是，在普通的机械制图中，可以把三个轴方向的长度绘制成和实际长度相同的长度。

接下来举一些实例来说明用正等轴测图画法绘图时的前后顺序。

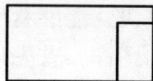

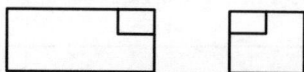

平面图

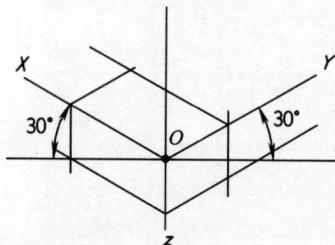

① 3 轴按照正投影图画出长、宽、高

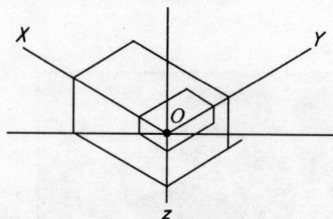

② 绘出内部凹进部分的轮廓

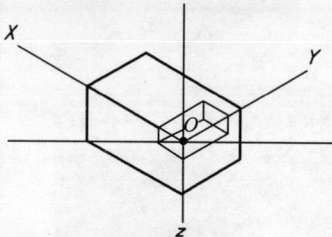

③ 用粗实线绘出轮廓

④ 将所有轮廓线描成粗实线，擦去不要的线

例
2
∷
六
棱
柱

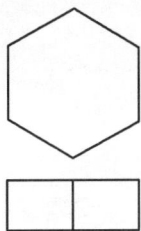

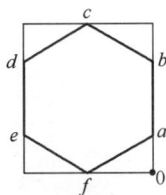

平面图

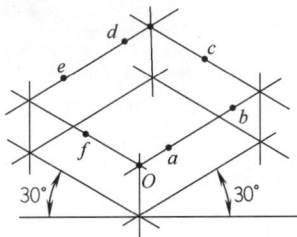

① 用框围成六棱柱的平面

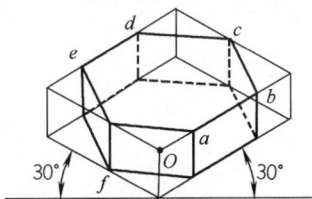

② 在框的边上按照六棱柱的平面标出 *a~f*

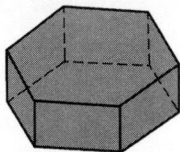

③ 用粗实线连接六棱柱上从 *a~f* 的各点

④ 擦除框完成作图

例
3
∷
曲
面

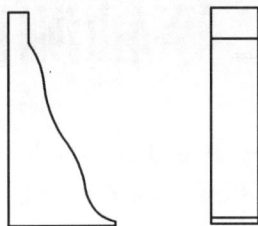

平面图

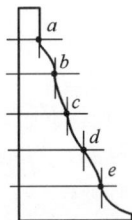

① 在曲率变化的地方取点

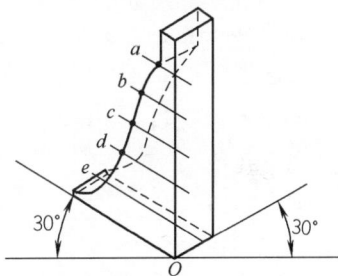

② 按照平面图标出 *a~e* 各点

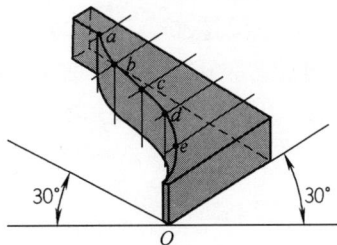

③ 加粗曲面部分

19

斜二等轴测图的画法

作为绘制立体图形的方法，斜二等轴测图和正等轴测图同样都很常用。

虽然正等轴测图的画法适于绘制形状复杂的物体。但是，斜二等轴测图法的优点是能够把正投影法中的主视图直接用作立体图的正面，这样就很容易绘制。

首先绘制投影图的主视图，为了表现其进深，右侧应向上倾斜或向下倾斜绘出。决定倾斜大小的方法虽按图的大小而不同，但比实际尺寸的比例缩小约四分之三左右，较容易体现立体感。

斜二等轴测图倾斜的角度经常使用以下几种。

右侧向上倾斜 30°
右侧向上倾斜 45°
右侧向上倾斜 60°
左侧向上倾斜 30°
右侧向下倾斜 30° 。

图的垂直部分能够保留主视图部分，但是倾斜面描绘的是侧视图的倾斜情况。

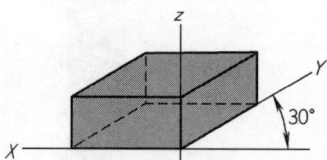

▲右侧向上倾斜 30°

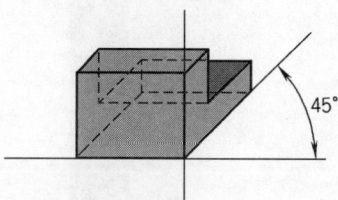

▲右侧向上倾斜 45°

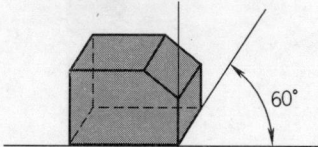

▲右侧向上倾斜 60°

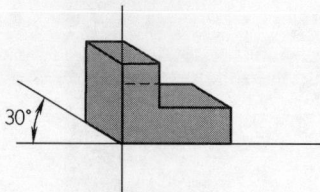

▲左侧向上倾斜 30°

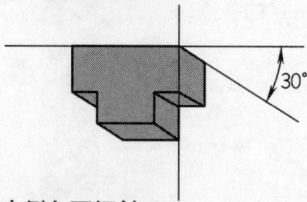

▲右侧向下倾斜 30°

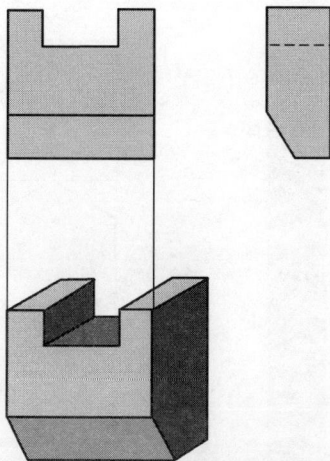

▲图的垂直部分能够保留主视图部分，但是倾斜面描绘的是侧视图的倾斜情况。

轴测分解图的画法

如果想用立体图形表示若干零件组合起来的装配图，直接绘制时会有一些难以清楚表达的地方。因此，绘制这样的装配图时，为了清楚表示其装配方法，要把各个零部件按照相互关系分解开来，分别绘出其立体图，这就是轴测分解图。表达装配图中各零件的相互关系时，要充分利用中心线。

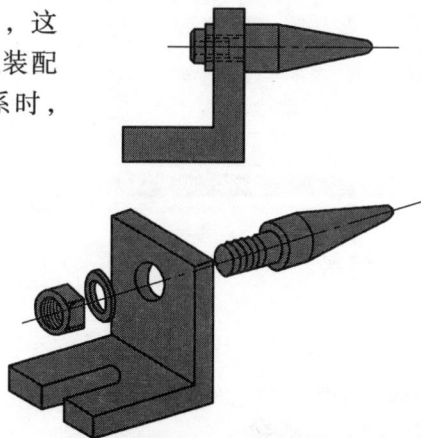

▲在装配图中，充分利用中心线能够明确地表达各零件的相互关系

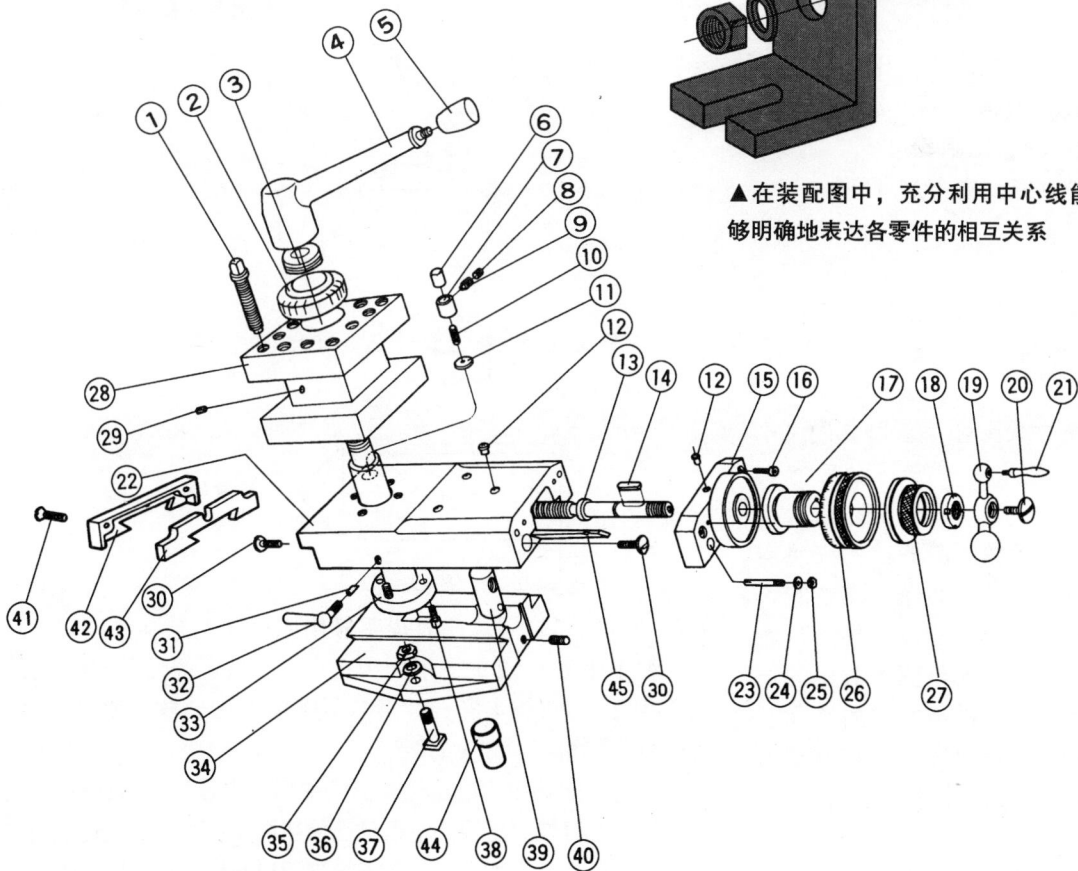

▲卧式车床刀架部分的轴测分解图

21

比例

用图形表示物体时，可以画成各种大小。这些图形大小的比较称作比例。比例分为原值比例、缩小比例、放大比例3种。

● **原值比例**：绘制图形的尺寸按照和实物同样大小。

● **缩小比例**：绘制图形的尺寸按照比实物小的比例。

● **放大比例**：绘制图形的尺寸按照比实物大的比例。

机械制图的比例按照实物的大小、疏密、图纸的大小来决定。比例用 $A:B$ 表示。A 是所绘图形对应的长度，B 是被画实物的实际长度。原值比例时 A 与 B 都为1，缩小比例时 A 为1，放大比例时 B 为1来表示。常用的有如下所示的比例。

● 缩小比例 $=1:2$　$1:5$　$1:10$
　　　　　$1:20$　$1:50$　$1:100$
● 原值比例 $=1:1$
● 放大比例 $=2:1$　$5:1$　$10:1$
　　　　　$20:1$　$50:1$

所绘图样的比例在图中右下方的标题栏中注出。在同一个图样内使用不同比例时，每个图形是采用的单独标注比例，还是统一标注在标题栏中，特别是对于多个零件绘于一张图样的情况要特别注意。

另外，图样中有部分尺寸的大小不符合比例时，应标注上"不符合比例"，并在所注尺寸下面画出着重线，以免误解，对于明显且不会产生误解的图面也可不特意标注。

此外，上述的比例均为米制单位，英国和美国的制图是使用英制单位，要注意其和米制单位的区别。

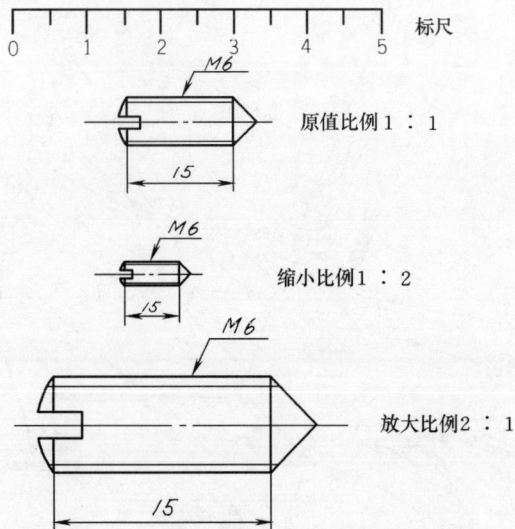

▲此为紧固螺钉图，此时很明显用原值比例绘制看起来很合适，缩小比例 $1:2$ 的图形面积相对于原值比例只有1/4，而放大比例 $2:1$ 则是4倍。对于缩小比例 $1:2$、放大比例 $2:1$，可想象出其缩小、放大的图形。

因此，能够用原值比例绘制的图形尽可能用原值比例绘制，这样易识读且较少出错。不得已而使用缩小比例、放大比例时应当选用易于判断实物大小、易于绘制图形和标注尺寸的比例。

图线

机械制图中使用的线型有以下4种。

————————— 实线

— — — — — 虚线

—·—·—·— 点画线

—··—··—··— 双点画线

此外，还有称作点线的，由于画起来很繁琐，现在不用了。所用线型的宽度一般分为细线和粗线2种。还有用于切口涂黑的特粗线。线宽的比率为细线为1，粗线为2，特粗线为4。线型的宽度系列定为 0.18mm、0.25mm、0.35mm、0.5mm、0.7mm、1mm、1.4mm、2mm。

▼同一图样中线型宽度的搭配示例

（单位：mm）

细 线	粗 线	特粗线
0.18	0.35	0.7
0.25	0.5	1
0.35	0.7	1.4
0.5	1	2

▼线的种类和用途

	用 途	示 例	名称和说明	使用场合
❶	轮廓线		粗实线	表示物体可见部分形状的线
❷	不可见线		细虚线和粗虚线	表示物体不可见部分形状的线
❸	中心线		细实线或点画线	表示图形中心的线
❹	假想线		双点画线	表示物体的位置关系、移动范围等的线
❺	剖切线		用细点画线在端部及用粗实线在转向部并画出箭头	表示在非中心处剖切位置的线
❻	断裂处边界线		细实线画的波浪线或折线，徒手绘制波浪线	表示物体断裂处的线
❼	尺寸线尺寸界线		细实线，尺寸线两端绘制箭头或黑点	标注尺寸所用的线
❽	指引线		细实线	标注尺寸，加工方法等的线
❾	剖面线		细实线，倾斜45°角、间隔2~3mm的平行线	表示剖面的线

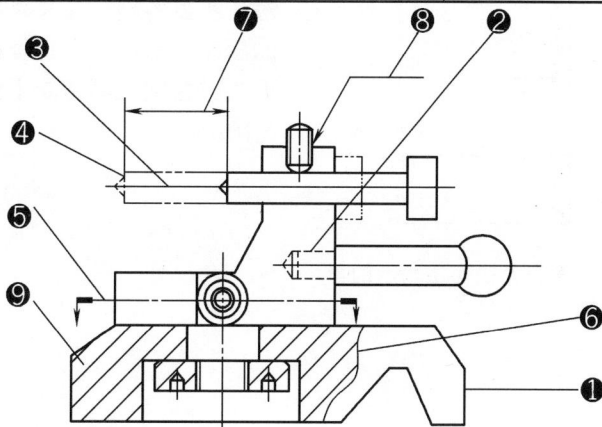

23

剖视法的原理

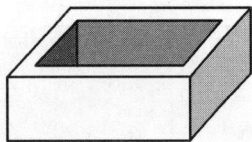

▲箱形的立体图

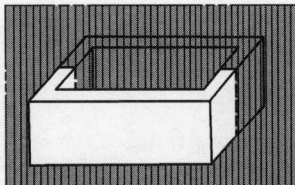

▲用剖面从中央垂直剖开

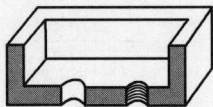

▲移去剖切面前面的部分则可以看到内部

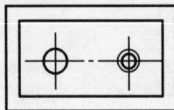

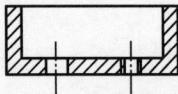

▲用第三角投影法表示的剖视图

剖视图

虽然可用虚线绘制出物体内部不可见部分的图形，但往往造成内部构造线看起来产生重叠、杂乱，难以识读。

这种情况下，如果需要看清其内部的形状，就要假想把物体处于剖开的状态，并把其剖面用图形表示出来，就称作剖视法。用剖视法表示的图形称作剖视图。

在用于机械加工的图样中，为了明确显示其内部构造，经常使用剖视图。虽然通常用倾斜 45°、间隔 2~3mm 的平行细实线来表示剖视图的剖面，但原则上剖面线可不画出。以使读者易于看懂图样为优先原则，无论对于明显的剖面还是不明显的剖面，都可以用这样的剖面线或在剖面周边涂上淡淡的阴影。

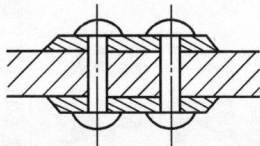

▲虽然向右上倾斜 45° 的剖面线最常用，但 2 个以上零件紧靠在一起时剖面线的方向和角度要不同。

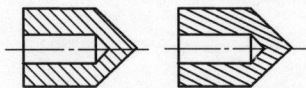

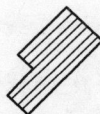	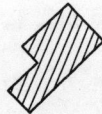
不好	好

不好　　　　　　好

▲这个零件的剖面线按照 45° 绘制，但图面不好识读的情况下，可在绘制时改变剖面线的角度。

剖视图的种类①

（1）全剖视图

按照上述剖视法的原理，从零件的中心线处将其完全剖开所得的剖视图。

（2）半剖视图

当零件按中心线对称时，只需把中心线一侧的部分剖开，另一侧则用外形图来表示的一种剖视方法。

这种剖视方法，通常用于上下、左右对称且须同时表达零件的外形与内部结构的情况下。

▲把实际的零件剖开后的全剖视图

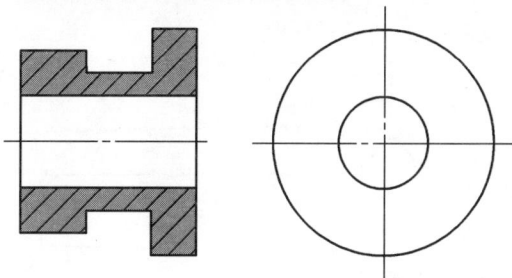

▲把实际零件剖开后的半剖视图

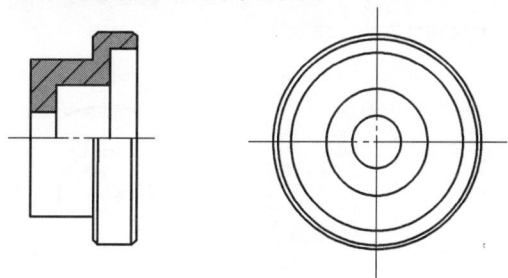

▲全剖视图

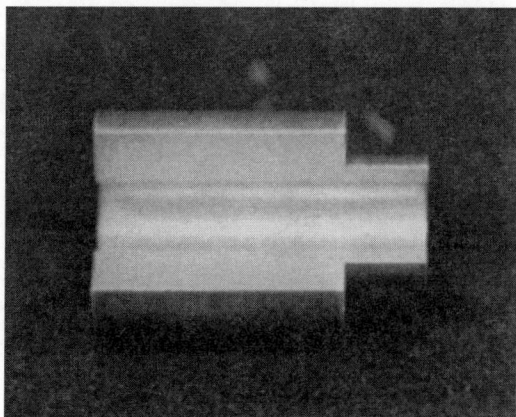

▲半剖视图

剖视图的种类②

(3) 局部剖视图

局部剖视图是把零件的任意一处剖开，通常用于要局部地表达零件内部构造的情况下。

这时，为了更好地显示剖开部分的情况，通常用不规则的波浪线、双折线来画出其分界线。

使用局部剖视图的情况包括：如果对零件进行全剖，必要部分的外形就难以表示时；零件整体的外形图非常简单，而且其有必要进行部分剖切时。

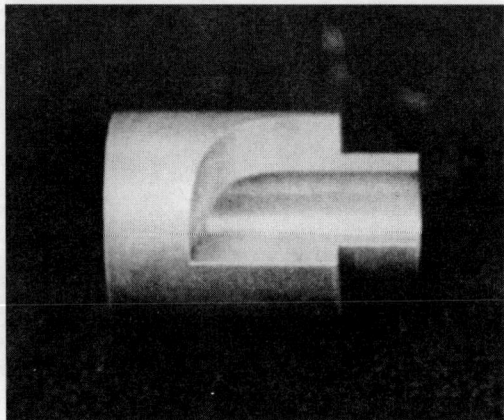

▲局部剖开的实际零件

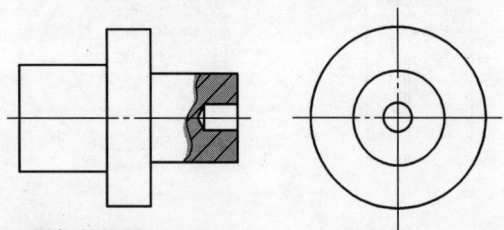

▲局部剖视图

(4) 断面图

将物体的一部分剖开，然后在原位置或剖面线的延长线上旋转 90°，来局部地显示剖面的形状及大小的一种视图方式。

例如，吊车的挂钩、手柄的柄部常用的就是断面图。

当剖面形状直接在图形内显示时要使用细实线（根据日本标准，原图为双点画线）。

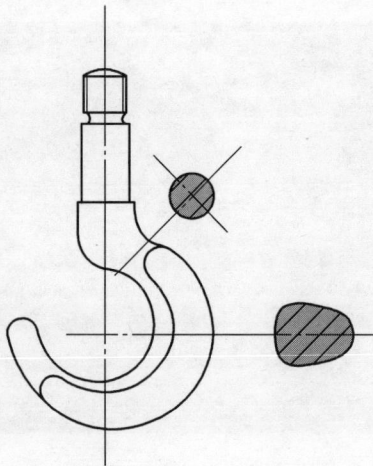

▲断面图（吊车用挂钩）

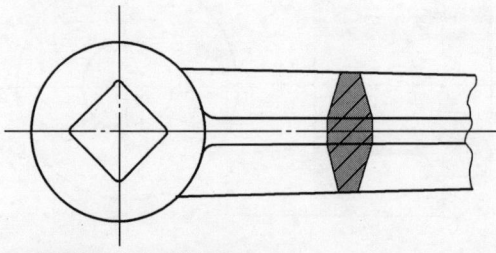

▲断面图（手柄的柄部）

剖视图的种类③

(5) 阶梯剖视图

如果一个剖切平面不能同时显示不同部位的内部结构时，可将剖切平面折成两个互相平行的平面，再对物体进行剖切。

▲实物的阶梯剖面部位

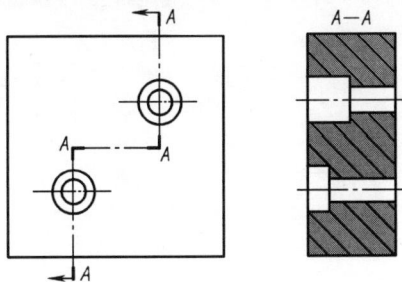
▲阶梯剖视图

(6) 旋转剖视图

这种表示方法多用于对称的物体，剖切时以对称物体的中心线为界线，其中一侧与投影面平行地剖切，另一侧与投影面成一定角度地剖切。

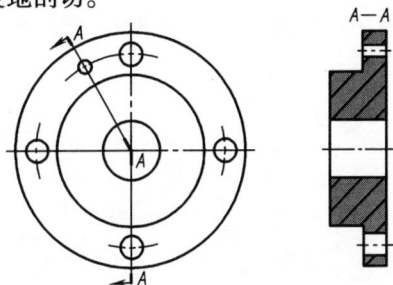

▲沿主视图 A—A—A 的切断线进行剖切，再将剖面表示到侧视图上。剖切面 A—A 与投影面成锐角时叫做锐角剖切，通常需要剖切的地方都用锐角剖切，但在没有特别说明的情况下多使用 30°、45°、60°等角度。

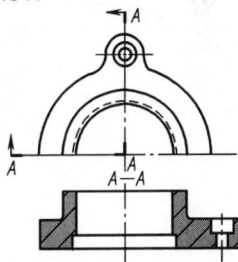

▲剖切平面为 A—A—A，一方与投影面平行剖切到中心，另一方与投影面垂直剖切，假设这个直角的剖切面与投影面平行，那么这个剖视图就叫做直角剖切。它常用于轴承的密封压环的图样中。

27

剖视图的种类④

(7) 复合剖视图

在实际的图样中，形状复杂的构件在一个剖视图中有时会同时使用两种以上的剖切方法。

比如锐角剖切与阶梯剖切、锐角剖切与直角剖切、数种的锐角剖切等，使用的剖切组合方式多种多样。

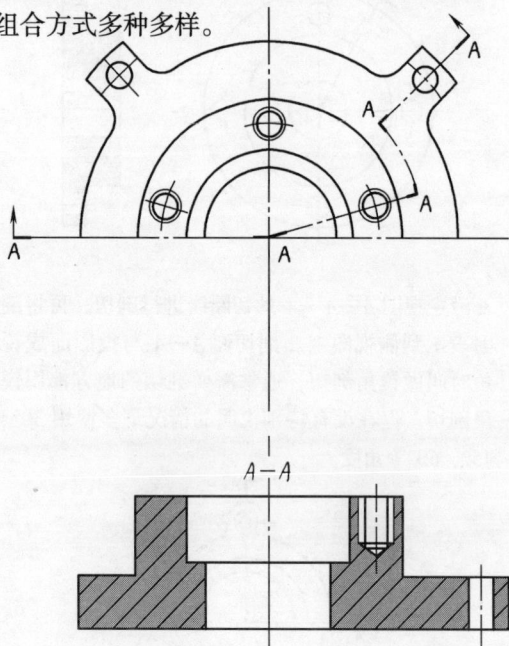

▲双重锐角剖切方式

(8) 几种特殊的剖视图

当有几个孔在不同的位置时，可以将各个孔在相同高度的位置进行剖切，这样其角度关系就会很容易理解。

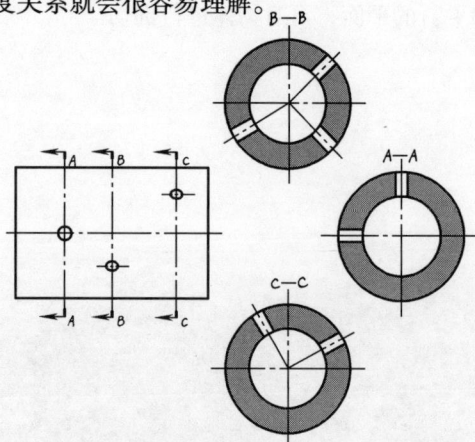

将数个阶梯剖面组合起来，在明确标注机械加工时所用的尺寸时，为了便于理解，要尽量使用剖视图。

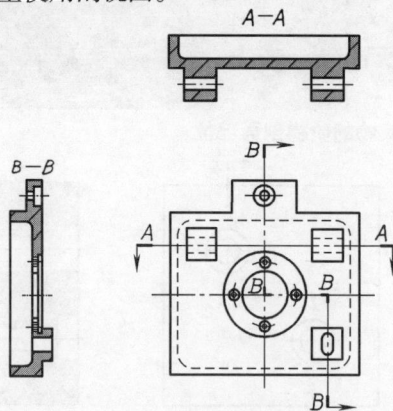

剖视图的种类⑤

在绘制使用剖切平面剖切得到的各种剖视图时，有些在原则上不能纵向剖切的机械零件要按照不剖处理。

这些零件有以下几种：

● 作为机械零件本身，按照不剖处理的零件：轴、主轴、螺栓、螺母、垫圈、小螺钉、止动螺钉、木螺钉、键、栓、销类（圆锥销、圆柱销、开口销、顶销等）、铆钉、球形阀等。

● 作为零件的特定部分，按照不剖处理的

零件：轴、加强肋、摇杆类（齿轮、手轮、带轮、飞轮、车轮等的摇杆）、齿类（齿轮、链条等的齿）、叶轮的叶片、阀门等。

为什么这些零件要按照不剖处理呢？使用剖面法进行剖切的目的是为了使图样更容易理解，如果进行剖切的话反而会使形状或连接变得难以识读，这就失去了剖面的意义。

此外，一些形状及其简单的物体也没有必要进行剖切处理。

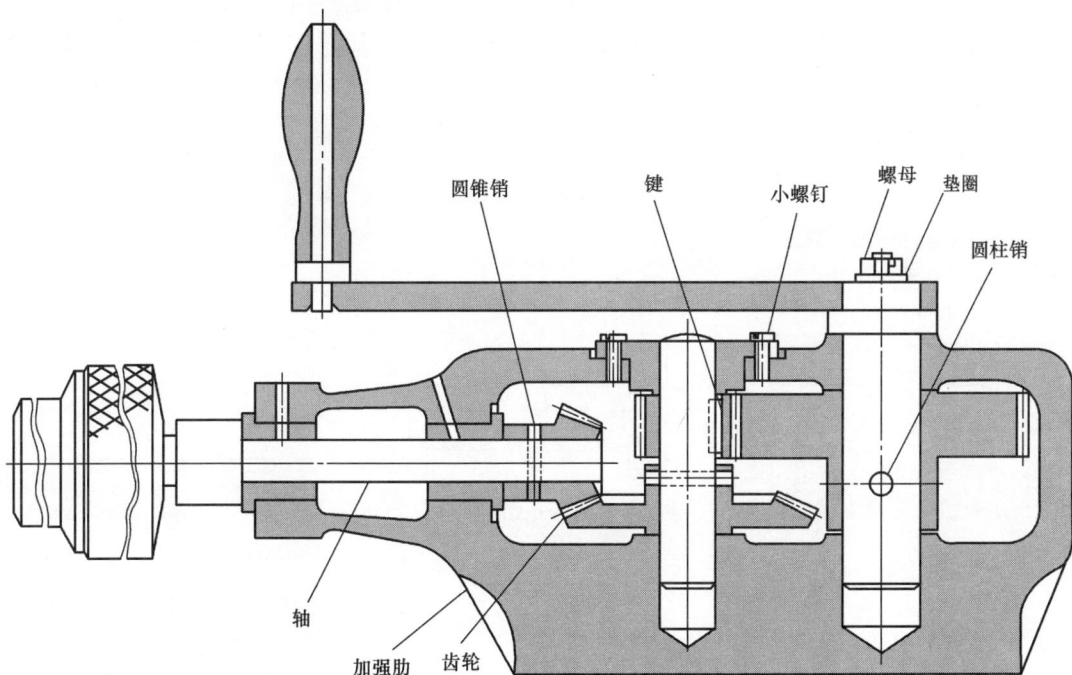

▲此剖视图中螺钉、销、轴等不画出剖面

简化画法 ①

（1）中间部分省略的图形

当画轴、杆、管、型钢等剖面形状相同的细长物体时，如果不进行处理，其图形将占用很大的空间。所以这时要使用简化画法，将其中间部分省略。

这时的折断处要使用不规则的细实线，而且要在折断处画出剖面形状。

当对细长的圆锥形或楔形物体的中间部分进行省略时，如果按照规定的画法，其轮廓线自然要产生一些偏差。所以除特殊情况以外，其轮廓线可以画成一条直线。

当是角钢、工字钢等型钢时，要在其视图的中间断裂处画出旋转 90° 的剖视图。

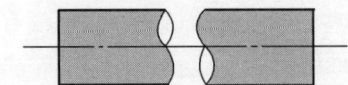

▲圆杆或轴

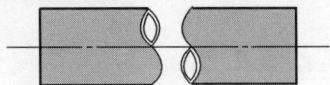

▲管或中空轴

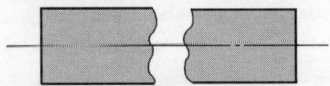

▲不需要表示剖面形状时

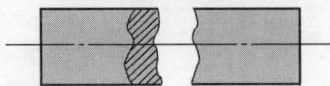

▲长方形（矩形）

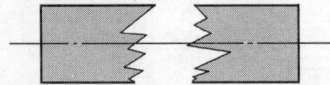

▲木材

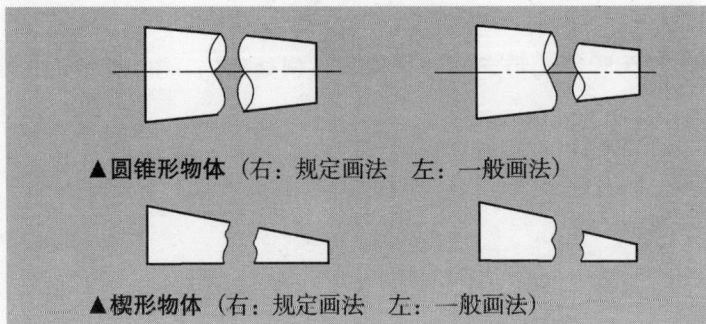

▲圆锥形物体（右：规定画法　左：一般画法）

▲楔形物体（右：规定画法　左：一般画法）

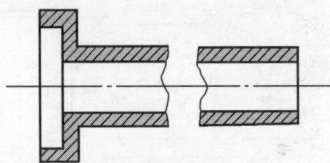

▲中空轴的剖视图

▲角钢

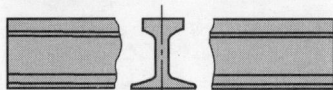

▲工字钢

简化画法②

(2) 面与面相贯部分的图形

当圆柱与棱柱相贯时，如果棱柱比圆柱小，相贯线可以直接画成直线；当棱柱比圆柱大时，要画出其截交线。

当圆柱与一个小圆柱相贯时，可以使用一条直线表示；当相贯部分很大时，可用圆弧表示。

当在圆筒上开孔时，如果是小孔则可以忽略相贯线，但当孔的直径很大且与管的直径相近时，与内径的相贯线可用圆弧表示。

当面与面相贯的部分有一定的弧度时，要假设其垂直相贯交于一点且没有弧度，从这个交点处进行投射，并将投影图表示出来。

但当圆度很平滑，而且相贯成钝角时，也可以不用投影图表。

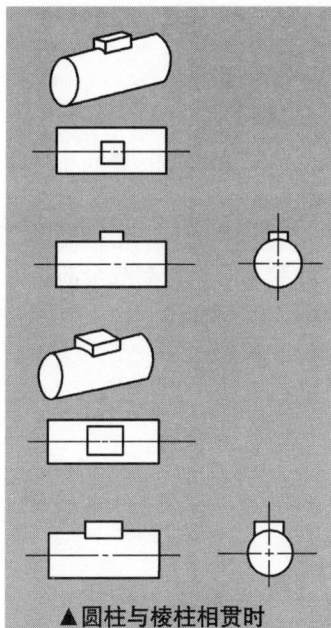

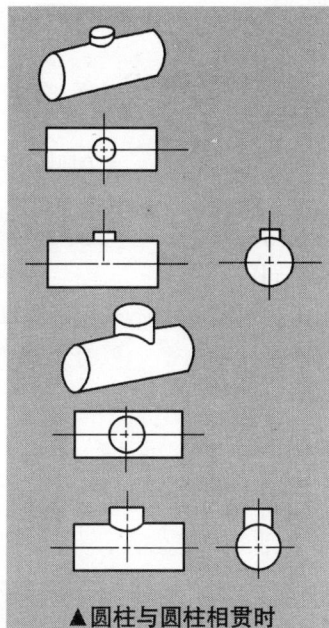

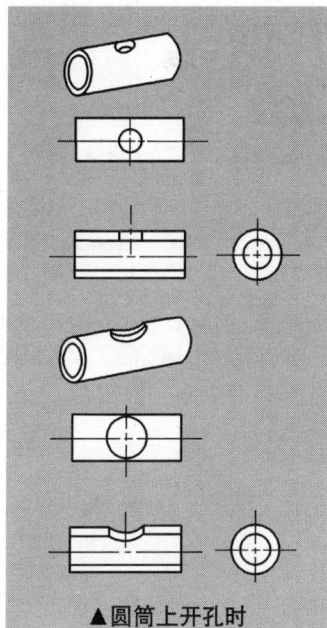

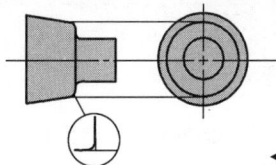

▲圆柱与棱柱相贯时　　▲圆柱与圆柱相贯时　　▲圆筒上开孔时

◀面与面相贯的部分有一定弧度时

简化画法③

(3) 滚花部分省略的图形

工具（刀具）或量规的手柄部要加工上凸凹的花纹（滚花），但并不是要把所有的花纹都画出来，而是只画出其中的一部分。

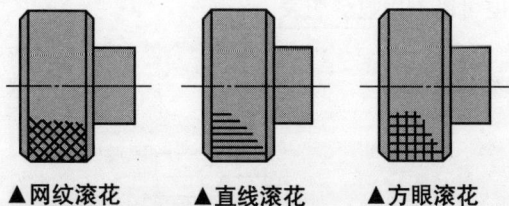

▲网纹滚花　　▲直线滚花　　▲方眼滚花

(4) 有多个同种孔的图形

当有很多尺寸、形状、种类均相同的孔或螺纹等排列在一起时，可以只画出关键部分而省略中间的部分。省略的地方使用中心线表示。

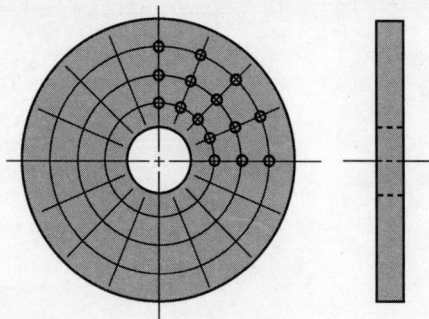

▲分度盘

(5) 圆柱上的平面图形

这时可以用细实线画出平面的对角线，即使平面看起来会有些倾斜也没有关系。

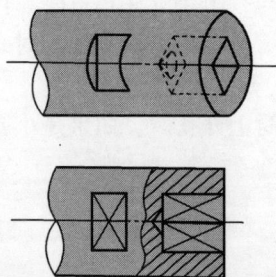

▲上面图中的物体可以用下面的图形表示

(6) 轮廓线、不可见轮廓线的省略图形

当不将轮廓线和不可见轮廓线全部画出来也能看懂，而画上反而有碍于识图时，可以将实线和虚线省略不画。

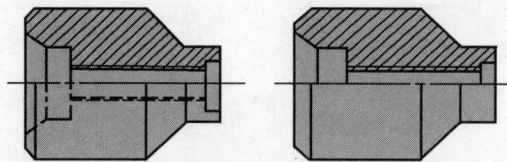

▲左边的图可以省略为右边的图

用双点画线表示的图形①

(1) 用1个图表示2个零件

当两个零件的主要部分形状完全相同，只有一部分形状不同时，为了省时省力，可以只将其中一个零件与另一个零件不同的地方用双点画线表示出来。

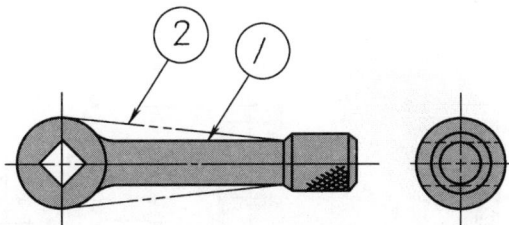

▲零件①的臂杆部分为直线形，零件②的臂杆部分为锥形，但剩余部分的形状都完全相同。

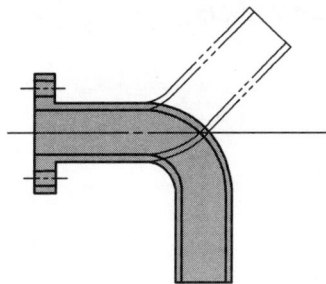

▲直角弯管和45°弯管，安装用凸台部分的形状完全相同。

(2) 可动部分的图形

当使用摇杆固定工件时，如果存在可移动或旋转部分，要使用双点画线表示出其可动范围的界限。

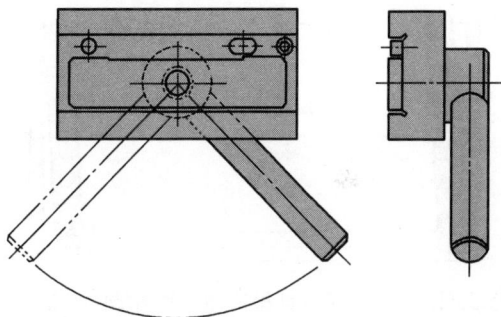

▲开孔夹具的夹紧把手。

右侧的实线表示的是松弛状态，移动到左侧的双点画线就是处于紧固状态。

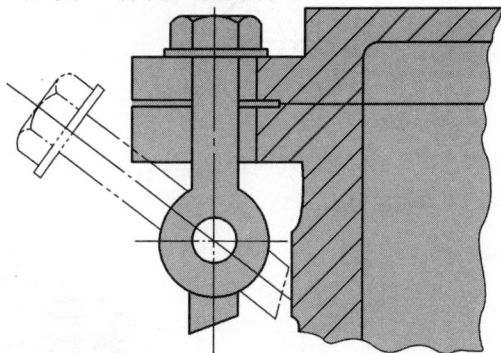

▲使用螺栓和螺母固定盖子。为了省时省力，不必在每次拆卸盖子时都把螺母从螺栓上全部拧掉，可以将螺栓倾斜。

这时要使用挡块确定倾斜的程度。

用双点画线表示的图形②

（3）表示多个相同形状的图形

当零件的部分形状相同且有规律布置时，可以只画出主要部分或开始和最后的部分，省略的部分可使用双点画线表示。比如线圈弹簧和齿轮齿形等。

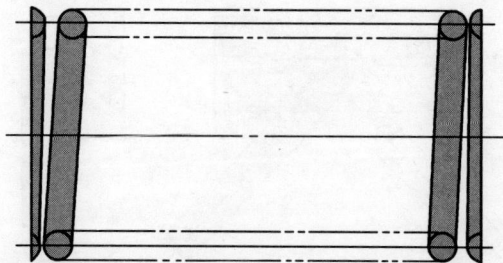

▲线圈弹簧。为了保证稳定性，其两端的形状不同，所以要画出其附近的部分，中间的相同部分可用双点画线表示。

▲因为齿轮的齿形状相同且有规律布置，所以可以用双点画线表示。

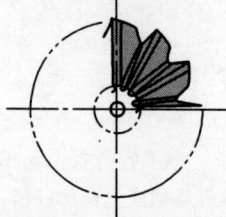

▲角度铣刀的刃部形状也相同且有规律布置，所以也可以使用双点画线表示。

（4）表示组装零件的图形

如果组装零件的每个部件都要单独表示，会使人很难理解组装零件的状态。

所以当制造组装零件时，可以按原样画出其零件图，组装零件部分可用双点画线表示。

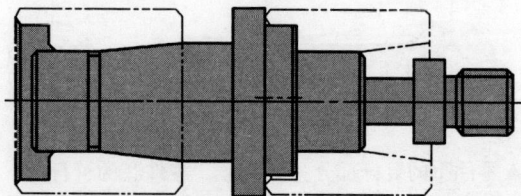

▲以上是组装零件的一种，它表示的是需要组装零件的两个不同部位。

用双点画线表示的图形③

(5) 需要后道工序加工的图形

通常情况下，机械图样画的都是零件的完成图，但如图样中有不能按照其加工的地方或者如果提前加工会造成安装上的不便时，可以用双点画线表示。

这种情况在工艺图中很常见，下面就举几个例子进行说明。

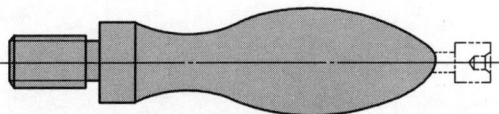

▲当在车床上进行手柄的把手加工时，要先在其端头部安装一个带中心孔的支架，加工结束后再拆掉。

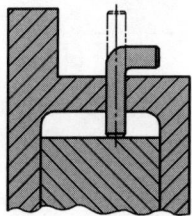

▲当要把销打入时，如果不是直的就很难打进去，打进去之后再将其弯曲。

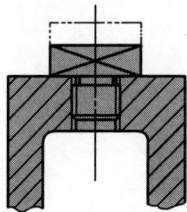

▲对于止动螺钉，为了达到拧紧的目的，要使其四角部分凸出，用扳手拧紧后再削去。

(6) 图样和实际位置不同的图形

当零件的一部分不能在图样上显示时或者看上去倾斜而难以表示时，可以用双点画线表示出其和实际位置不同的地方。

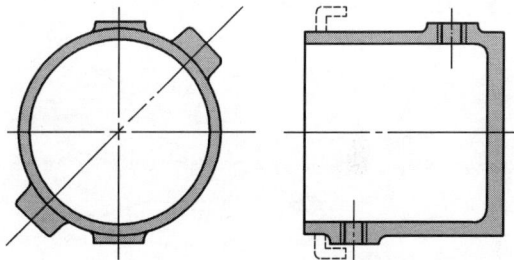

▲主视图中右上角和左下角的倾斜凸起在侧视图中显示不出来，这时可以用双点画线补充上。

展开视图

　　薄板形状的图样或钣金加工用图样，要使用展开图作为辅助图。

　　JIS 中规定，主视图可以按照原图形进行投影，但俯视图要使用展开视图表示。

　　例如在①的主视图中，薄板呈弯曲状，但是在确定尺寸进行加工时，还是按照②的俯视图进行加工更加方便。

　　而且，即使是折成箱形的钣金加工，在裁切时也要按照展开视图进行。所以，在加工时如果只有箱型的实际形状图，加工人员要据此画出展开视图后再进行加工。

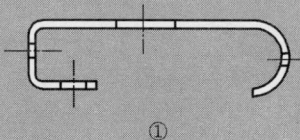

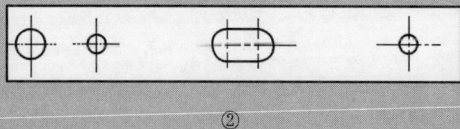

①

②

▲板材的实际形状图和展开图

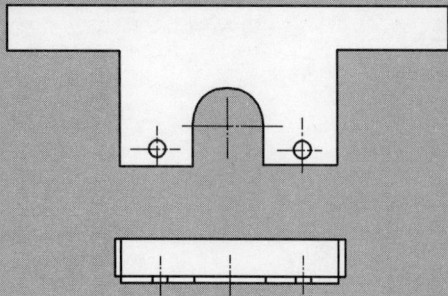

▲箱形的展开图

旋转视图

　　当零件的形状在中间倾斜或弯曲时，为了更加直观地反映零件的实际形状和便于标注尺寸，JIS 中规定这种情况下不使用投影法进行客观地表示，而是使用旋转视图表示法效果会更好。

　　例如：①是使用投影法进行客观表示图样，主视图中的倾斜部分在俯视图中就难以表现出来，在标注尺寸时，也有很多难以标注和根本不能标注的地方。

　　如果将①图中的零件用旋转视图表示，就得到图②的图样。以孔的中心为轴，按照箭头方向进行旋转，再将倾斜部分与投影面平行地转过来就得了②的俯视图。

　　如果再能掌握旋转视图表示，就能完全读懂图样了。

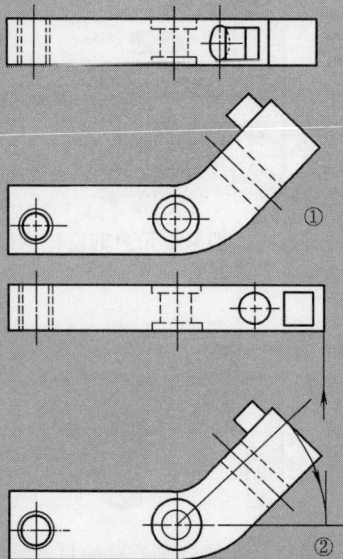

①

②

▲使用第三角画法的图样①和使用旋转视图表示法的图样②

识读图样尺寸

在能读懂图形之后，下面要做的就是准确、无误地读解图样上所绘尺寸的含义。那就努力学习读懂尺寸吧。此外，也许还需要对尺寸进行更改和计算。

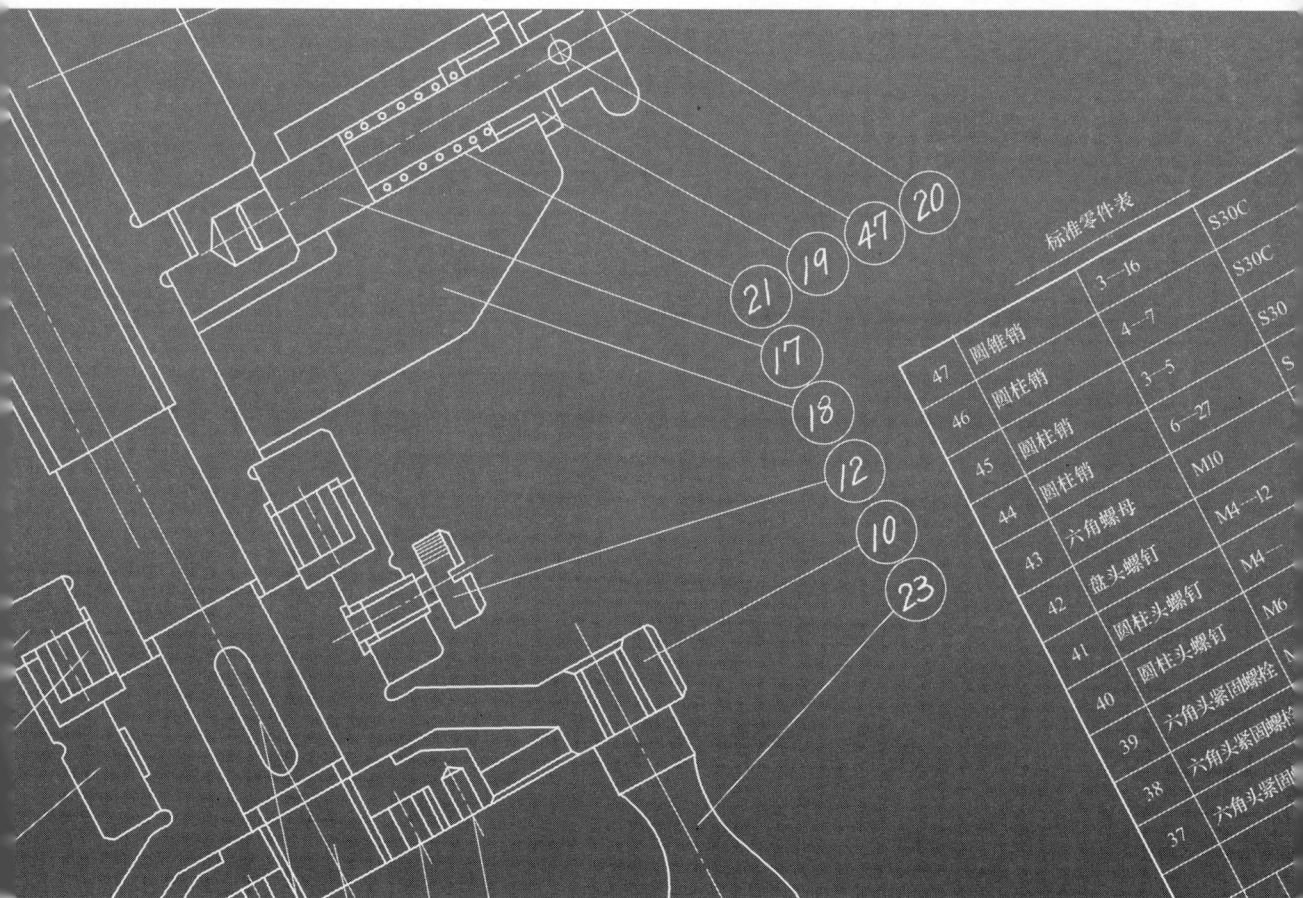

	标准零件表		S30C
		3—16	S30C
		4—7	S30
47	圆锥销	3—5	S
46	圆柱销		
45	圆柱销	6—27	
44	圆柱销	M10	
43	六角螺母	M4—12	
42	盘头螺钉		M4
41	圆柱头螺钉		M6
40	圆柱头螺钉		
39	六角头紧固螺栓		
38	六角头紧固螺栓		
37	六角头紧固		

尺寸的单位

为了明确表示零件的形状及加工方法，在图样上通常会使用到阿拉伯数字、罗马字、汉字等文字。

在这之中特别是数字，在决定尺寸时是至关重要的。

＊在表示长度的尺寸中，没有标记单位符号的数字，其所有单位都是毫米（mm）[⊖]。

在表示长度的尺寸单位中，如果要使用 mm 以外的尺寸单位，就要标注单位。比如使用 cm、m、km、英尺（ft）、英寸（in）等单位时，就要在数字的后面标注上这些单位。但英尺、英寸通常使用符号 ′ 和 ″ 表示。

＊小数点要标在字高的下侧。

但即使是在尺寸数字的位数很多的情况下，在机械图样中也不每隔三位使用逗号进行隔开。
例如：0.15　1.298　13000　1415

＊在尺寸精度要求很高的情况下，要在小数点后保留两位或三位进行表示。

也就是说，即使在正好是 10mm 的情况下，为了表示出必要的精度也要写成 10.000。

＊角度通常以"度"作为基准单位，在必要的情况下也可以并用"分"和"秒"。

这时，"度"、"分"、"秒"要分别用符号"°"、"′"、"″"表示。
例如：45°　11°39′52″　1°0′02″

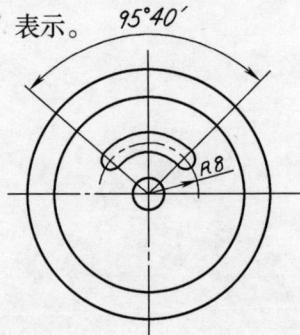

⊖　本书中的尺寸单位，除了注明外，均为 mm。——译者注

尺寸的注法

＊图样上标注的尺寸都是成品的完成尺寸。

　　但是，对于原料尺寸、铸造件、锻造件以及未完成机械加工的图样的尺寸，在必要的情况下，有时会在加工过程中标注上后道工序所需的完成尺寸或预计尺寸。

＊尺寸数字应沿着尺寸线的上侧标注，并与尺寸线保持少许距离。

　　但是，在空间小、难标注的情况下，可参照 42 页所讲的方法进行标注。

＊对于标注尺寸时的文字朝向，水平方向的尺寸线标注尺寸时文字要朝上，而垂直方向的尺寸线文字应朝左。

　　对于倾斜的尺寸线，应以垂直方向的标注法为标准而向左倾斜，这与水平方向的标注法相比，方向不同。右图中，右侧图的数字朝向是正确的，左侧图的数字朝向则是不可取的。

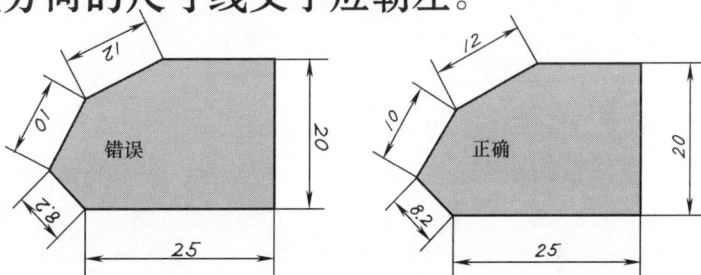

＊用文字进行尺寸标注的情况。

　　如果有几个形状相同的零件，而且这些零件只有个别部位的尺寸是有差异的，这时不需要把所有的图样都画出来，而是通过一个图样来表示，有差异的尺寸则通过文字符号表示。由于这些数值是通过别的方法表示的，所以仔细阅读明细栏是很重要的。

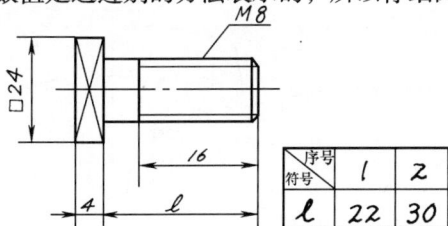

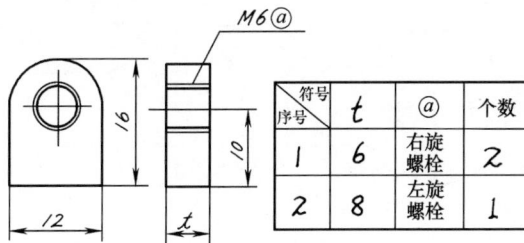

序号 符号	*l*	*2*
l	22	30

符号 序号	*t*	@	个数
1	6	右旋 螺栓	2
2	8	左旋 螺栓	1

尺寸标注的种类

在 JIS（日本工业标准）的机械制图标准中，使用了很多符号来明确表示尺寸数字的含义。

*φ 是用来表示直径的符号。

φ这个符号与希腊字母"fai"的小写很相似，其实是两者是没有任何关系的，它是由直径的缩略符号φ简化而来的，最先在德国开始使用。φ要标注在尺寸数字的前面（见图①）。

但是，在明确图形是圆的情况下，φ通常被省略（见图②）⊖。在只表示对称图形中心线一侧的时候，为了区别于半径（符号 R）要标注上φ（见图③）。

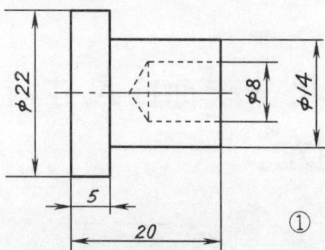

①

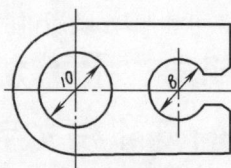

②

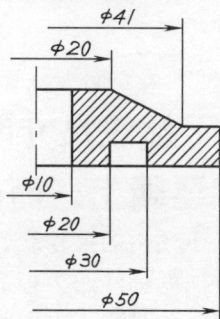

③

*R 是表示半径的符号。

R 取自半径的英语（Radius）的首字母。与φ一样要标注在尺寸数字的前面（见图④）。但在半径的尺寸线指向圆弧的中心点时，R 通常要省略（见图⑤）⊖。

在表示圆弧半径的尺寸线上标注的箭头时，箭头要朝向弧，而不是标在圆心一侧。但在半径很小，难以标注的情况下，可以把尺寸线延长到弧的外面，这时箭头要在外面标注并朝向弧（见图⑥）。

在圆弧的圆心很远、半径很大的情况下，如果把尺寸线画到圆心，就会画到图样的外面，这时就不必把尺寸线画到圆心，可以从中间切断尺寸线（见图⑥）。

但是在半径很大时，对于要把尺寸线的一端放到中心线上的图样，可以把尺寸线折成 Z 字状（见图⑦）。

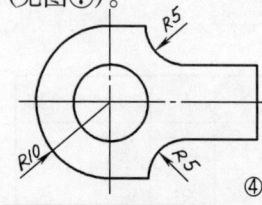

④

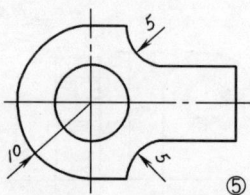

⑤

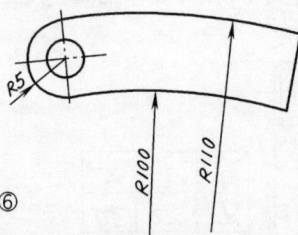

⑥

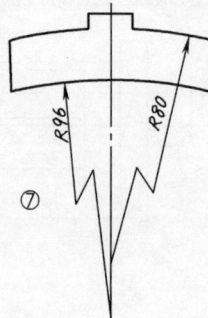

⑦

⊖　按照中国机械制图标准中的规定，φ、R 均不能省略。——译者注

* 球用 S 符号表示

表示球的半径时，要在尺寸数字的前面标注 SR（见图⑧）；表示球的直径，要在尺寸数字的前面标注 $S\phi$（见图⑨）。

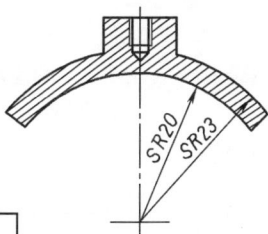

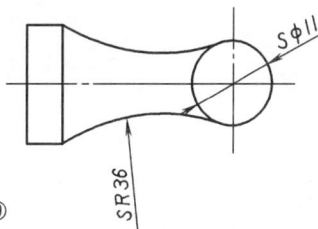

⑧　⑨

* 表示正方形的符号□

□要标注在尺寸数字的前面，标注有□的尺寸数字表示正方形的一条边的尺寸。在表示平面时，则要和×符号配合使用（见32页），在是正方形的情况下，□符号标注在尺寸上（见图⑩）。

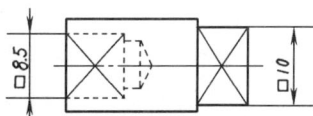

* 表示板厚的符号 t，要标注在尺寸数字 ⑩的前面。

表示厚度的 t 取自英语（thickness）的首字母。在表示一般尺寸时，一定要画出尺寸线，但在使用厚度符号 t 时，是不需要画尺寸线的。

t 的标注分为两种情况，一种标注在图形外部，一种是标注在图形内部（见图⑪）。

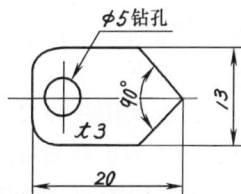

⑪

* 表示 45° 倒角的符号 C，要标注在尺寸数字的前面。

把零件的角斜切削下来就是倒角。符号 C 就是表示把角切削下来，它取自英语（Chamfer）的首字母。符号 C 通常在倒角很小的情况下使用（见图⑫）⊖，而 10mm 以上的倒角则不使用（见图⑬）。$C5$ 的倒角所表示的含义是：45°的倾斜角、5mm 的背吃刀量，而不是表示斜面的长度，所以一定要注意。

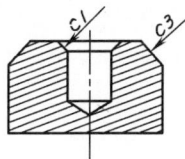

⑫

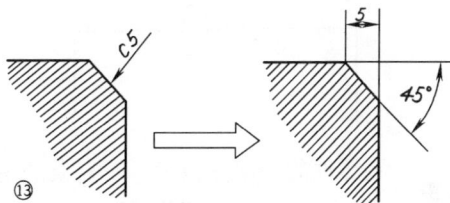

⑬

⊖　中国标准中 45°倒角的表示方法与此略有不同，请参考相关图书。——译者注

41

狭小部位的尺寸标注

尺寸线的两端一般都标有箭头，但如果图形过小、空间狭窄，尺寸辅助线的间隔就会变得很狭小，不花一定功夫的话就很难进行标注。

1 在有几个狭小部位的尺寸标注连在一起时，为防止数字相互接触，可采取将数字在尺寸线的上下进行交错标注的方法。

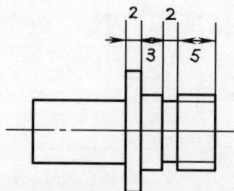

2 在空间过于狭窄、数字也难以标注的情况下，可以在尺寸界线与尺寸线的交点处用黑点来代替箭头进行标注，在标注数字时不要通过尺寸线，可以画出指引线，在指引线的上面进行尺寸数字的标注。

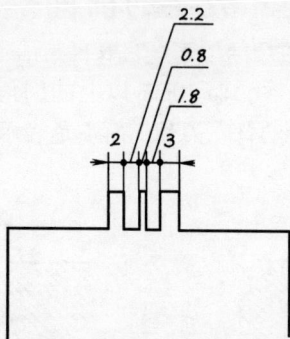

3 在零件的一部分很细小、复杂的情况下，可以将这一部分移到其他图样上进行放大后，画出其详细图。

在这种情况下，弄清到底要对哪一部分进行放大处理是很重要的。

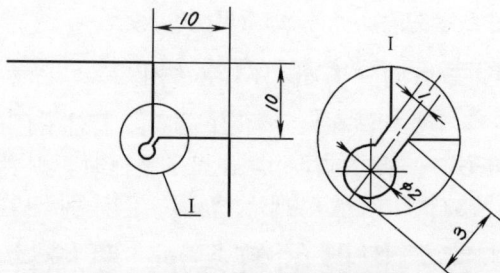

4 狭小角度的尺寸标注同样要使用指引线。而且一定要确认角度是否指向圆心。

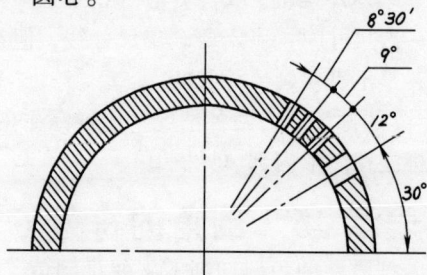

弦长及弧长的尺寸标注

圆周曲线的一部分叫做弧，连接弧两端的直线叫做弦。弦通常要比圆弧短。

1 弧的尺寸标注可参照下图 a)，先垂直画出尺寸界线，然后尺寸线要沿着圆周画成与零件同心的圆弧，这样尺寸线长就是指弧长。因此，下图 b) 把尺寸界线朝向圆心的画法是不正确的。

下图 b) 尺寸界线的画法，在角度标注时是正确的。

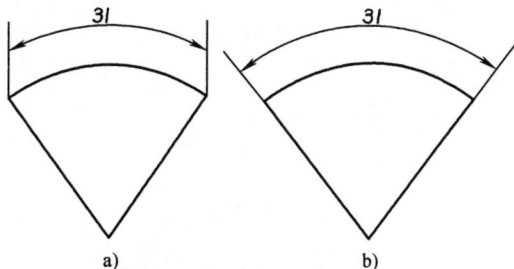

a)   b)

2 弦的尺寸标注可参照下图 a)，先垂直画出尺寸界线，尺寸线要画成直线并与弦相平行。下图 b) 的画法将尺寸界线朝向圆心，这样就会使弦的尺寸难以确定，所以这种画法是错误的。

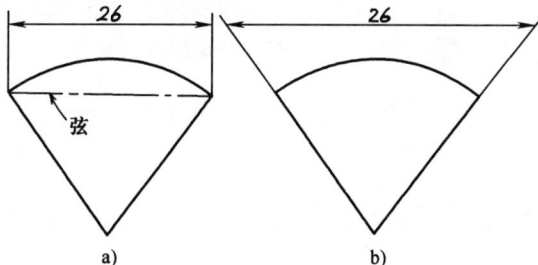

弦

a)   b)

3 如果想要明确表示弧，可以在尺寸数字的上面标注圆弧的符号⌒。这种方法常用于弧的中心角度大于90°的情况下。

下图表示的是：φ5 的圆杆在中心线上的弧长为 42.4mm。

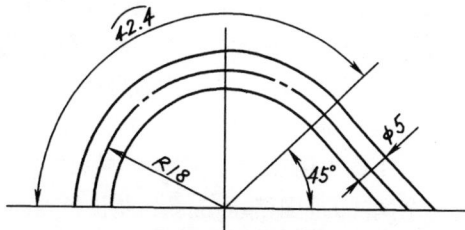

4 对于很多与圆周曲面对应的弦的尺寸标注，在半径 R 很小的情况下和半径 R 很大、圆周曲率很大的情况下可用尺寸界线的画法。当圆周曲率很大时，可以把相邻的尺寸界线连接起来，并使用中心线代替尺寸界线。

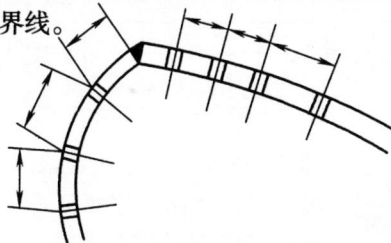

5 关于孔的尺寸，在孔的中心线不指向圆心时，可以通过弦的尺寸表示；当孔的中心线指向圆心时可以通过角度表示。这种图样的画法便于加工操作。

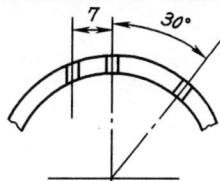

多个等间隔孔的尺寸标注

当螺钉孔、自由尺寸孔、铆钉孔等多个孔等间隔、在同一直线上连续排列在图样上时，可以把孔的位置尺寸用写成相乘公式的形式，一起表示出来。

1 在这种情况下，不是把孔的圆心间距一个一个标注出来，而是先在两端的一处标出尺寸，然后再通过公式：间隔数×圆心间距=总尺寸 进行表示。

下图中用 12×5=60 表示，有 12 个间隔且每个间隔的间距都是 5mm，总长是 60mm。

需要注意的是，不要混淆了孔的个数与间隔的个数。孔的个数一定比间隔的个数多一个。

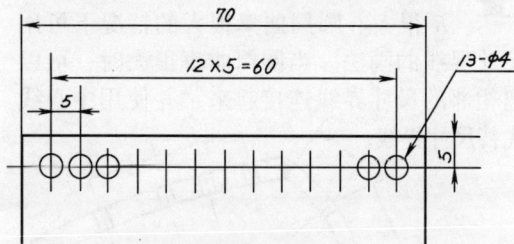

2 即使在中间部分通过波浪线省略的情况下，也要同样按照公式：间隔数×间距=总尺寸 进行表示

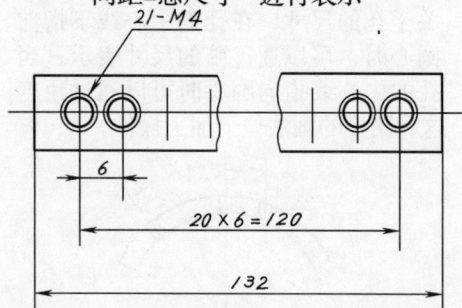

3 在圆周上等间隔钻孔时，只能通过下图 a) 的方法来表示孔数与中心线的半径尺寸。在圆筒上进行等间隔开孔的时候，按照下图 b) 的方法，通过等分数进行表示。

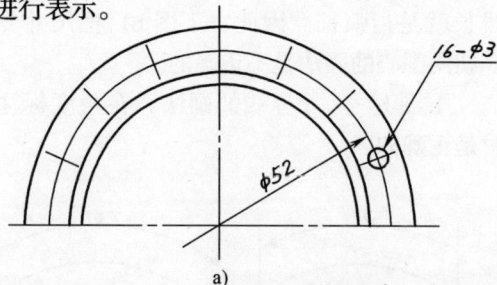

a)

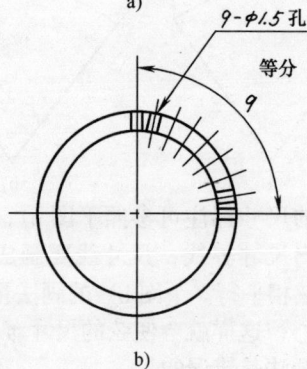

b)

4 进行等尺寸的槽的加工时也一样，通过槽中心之间的间距进行表示。

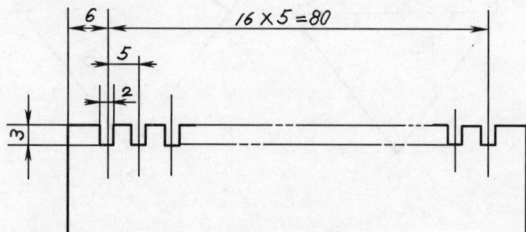

44

钢板及型钢的尺寸标注

1 断面为长方形的钢材叫做钢板，钢板通常用于机械、建筑等骨架较长的构件上。

钢板的尺寸标注，通常会省略尺寸线，而沿着图样标注成一列。下图中所标注的 45×7-490 表示：钢板的宽度是 45mm、厚度是 7mm、长度是 490mm。也就是说进行标注时，要遵照"宽度×厚度-长度"的顺序。

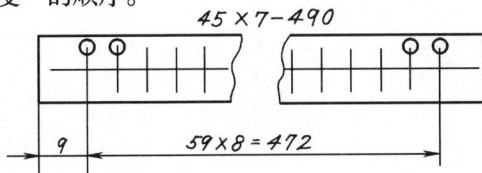

```
45 × 7 - 490
```

```
9     59 × 8 = 472
```

2 下图是使用了型钢的构件的装配图。进行型钢的形状尺寸标注时，也会省略尺寸线，而沿着型钢的图样进行标注。符号└，在两片不等边角钢重合使用时，要按照 2-└ A×B×t-L 的形式表示。

L 75×50×6-1200

2L 75×75×6-1800

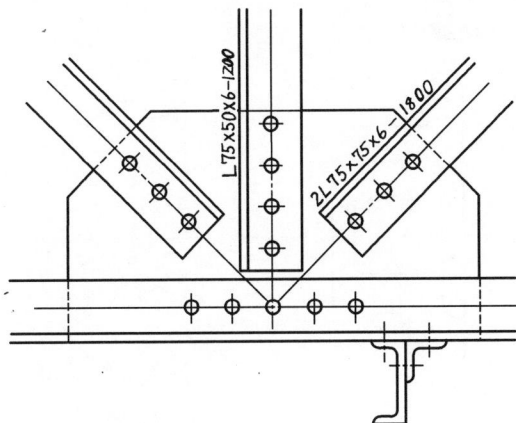

3 型钢大致可以分为以下 8 种，适用于表示各种钢筋构件。首先要写出表示型钢种类的符号，然后按照断面尺寸（宽度×厚度），长度（L）的顺序进行标注。

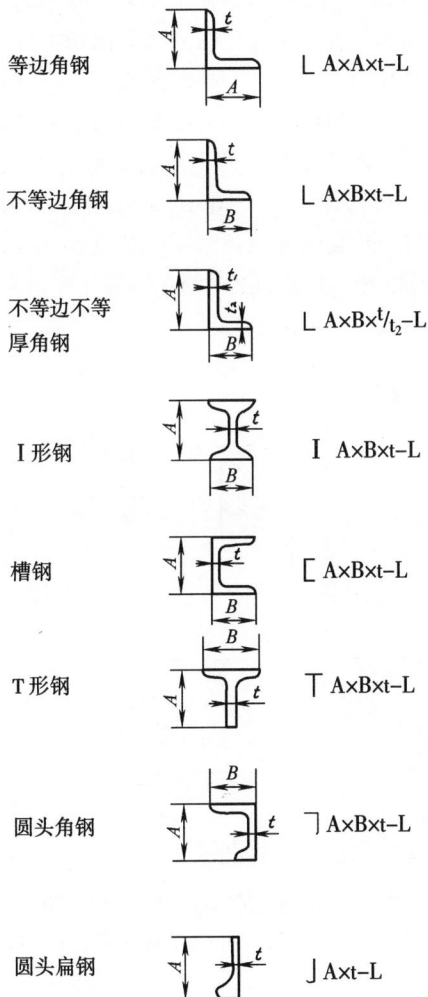

等边角钢	└ A×A×t-L
不等边角钢	└ A×B×t-L
不等边不等厚角钢	└ A×B×t_1/t_2-L
I 形钢	I A×B×t-L
槽钢	[A×B×t-L
T 形钢	T A×B×t-L
圆头角钢	⌐ A×B×t-L
圆头扁钢	⌐ A×t-L

各种孔的尺寸标注

小螺钉孔、螺栓孔、销孔、轴孔等各种孔的尺寸标注，要先从孔侧画出指引线，然后标出要装入孔中零件的名称、尺寸、零件编号等。

1 孔均要通过直径表示，表示方法一般可以分为以下几种：当孔径很小时，可以按照下图 a) 的方法画出指引线；当孔在图样上不是圆形时，要按照下图 b) 从孔的中心线与轮廓线的交点处画出指引线。

不通孔的表示可参照下图 c)，在孔的尺寸后面标出孔深。像下图 d) 的钻孔，因为端头的标准角度是 118°，可以近似写成 120°。孔的深度是指直径为 $\phi6$ 孔的深度，不包括带角度的前端部分的尺寸。

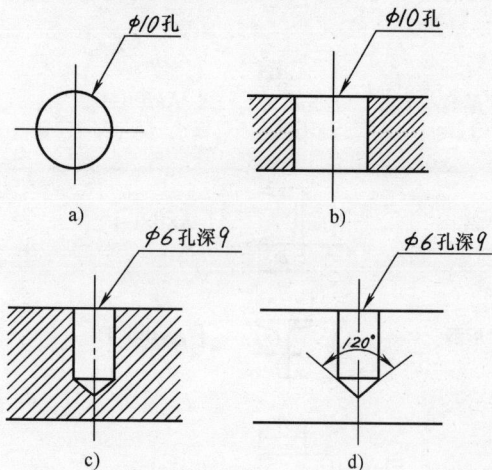

压加工机的冲孔。而且，图 b)、c) 表示的是可以不进行切削加工的孔，图 d)、e) 表示的是在钻孔后需要使用铰刀进行精加工的孔。

铰孔要求在零件装入孔中时没有任何间隙，也就是说要紧密接触，所以要求精度特别高。为了区别于其他钻孔，也有的会在铰制孔上标出符号×，如图 e) 所示。

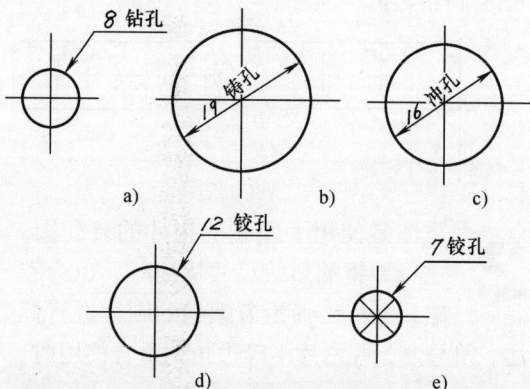

a)   b)   c)

d)   e)

3 下图是螺栓孔尺寸标注的一个例子。

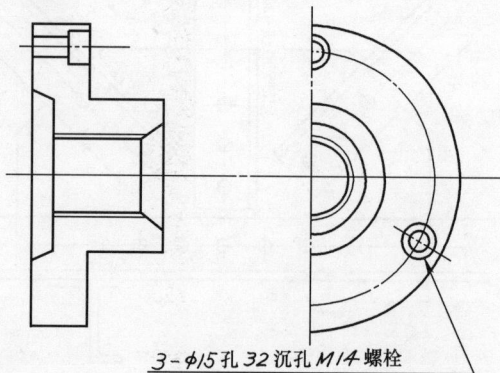

a)   b)

c)   d)

2 有时候也会把孔的类型与尺寸一起标出来。下图 a) 表示的是，$\phi8$ 的钻孔 (drill)；下图 b) 表示的是制造铸件时，拔出型芯后形成的孔；下图 c) 表示的是使用冲

3-$\phi15$孔 32沉孔 M14螺栓

锥度和斜度的尺寸标注

锥度是物体两侧的倾斜程度，斜度是物体一侧的倾斜程度。

1 锥度相对于中心线相互对称，锥度的数值通过公式 $\frac{a-b}{l}$ 表示，如下图 a) 所示。

例如：锥度 1/10 表示的是 $a-b$ 为 1，长度 L 为 10 的锥度。

斜度是物体一侧相对于中心线的倾斜程度，斜度用公式 $\frac{a-b}{l}$ 表示（见下图 b)。例如：斜度 1/20 表示 $a-b$ 为 1，长度 l 为 20 的斜度。

因此，锥度一侧的倾斜程度是斜度比例的 1/2，也就是说，锥度 1/10 与斜度 1/20 是相同的比例。从角度方面来说，锥度 60° 与斜度 30° 是相同的倾斜程度。

便，因此有时也会以角度的形式标注。

3 如下图 a) 所示，锥度通常是沿着中心线进行标注。如下图 b) 所示，如果零件像套筒那样，内侧和外侧要进行锥度标注，可沿着中心线对两侧的锥度进行标注。如图 c) 所示，使用指引线来标注锥度的种类、数值的方法很容易看懂，所以在图样中会经常见到。下图 d)、e) 在绘图时对锥度线、图进行了放大。这种方法经常在以下两种情况下使用：1.锥部很平缓难以与平行轴进行区别；2.锥部的长度很短，很难沿着锥部的中心线进行标注。表示锥度的三角形的线图只是符号的一种，是放大后进行绘制的，所以并非实际的锥度。

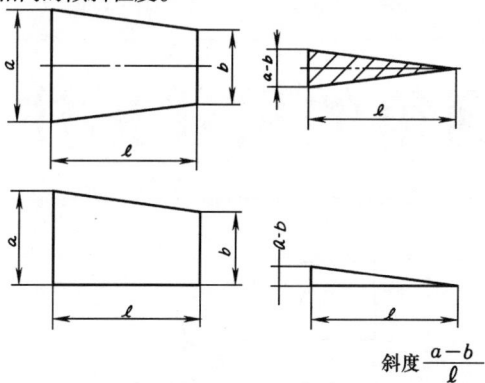

斜度 $\frac{a-b}{l}$

2 斜度的表示法。如下图 a) 要沿着边以分数的形式进行标注。下图 b) 标注斜度角度的方法在实际加工过程中会带来很大方

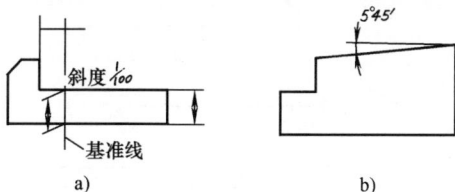

a)   b)

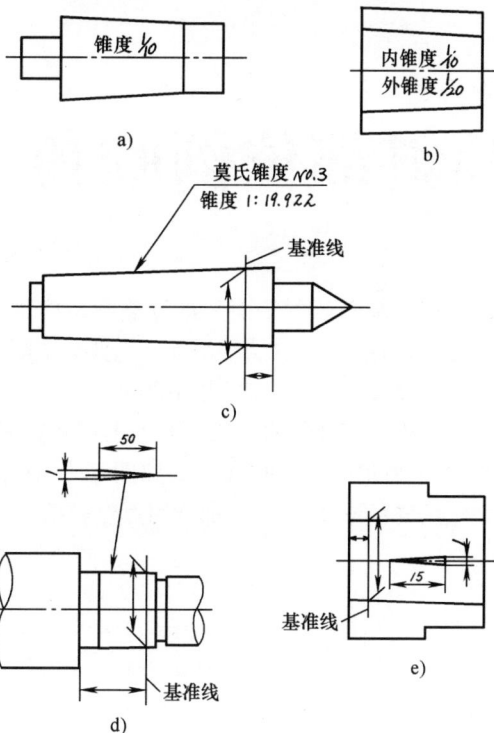

a)

b)

莫氏锥度 No.3
锥度 1:19.922

基准线

c)

d)

e)

47

参考尺寸的标注

标注参考尺寸是为了区别重要尺寸与非重要尺寸，对于零件来说，参考尺寸并非是必不可少的。但标注上，在实际加工过程中会带来诸多方便，这种参考尺寸通常标注在括号（ ）里面。下图 a）是螺母的图样，宽度 22 对于扳手的使用来说是必要尺寸，而（ ）里的外径尺寸 25.4 在实际使用中是不必要的。但是，如果加工尺寸图样上没有标注，则在加工过程时就必须进行计算。

图 b）中标注的是锥部的尺寸，但是为了加工方便，又在（ ）里标注了锥部的半角尺寸。

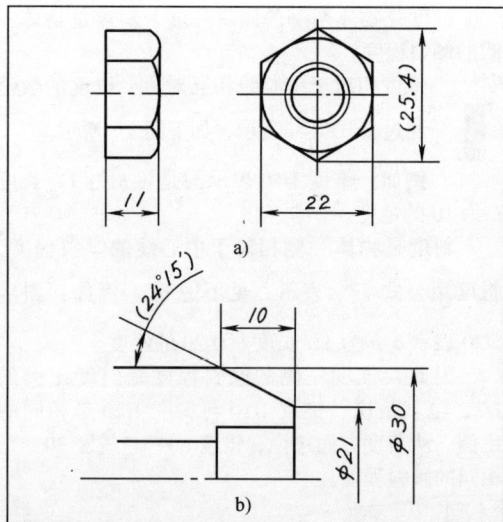

倾斜部位倒圆角、倒角的尺寸标注

在相互倾斜的两个面上进行倒圆角或倒角时，这部分的尺寸通常会很混乱，因此为了明确表示这部分尺寸，可以使用以下的方法。

先从相互结合部的延长线上画出尺寸界线，再从交点处进行尺寸的标注，如图 a）、b）所示。交点也有时会像图 c）那样用黑点表示。

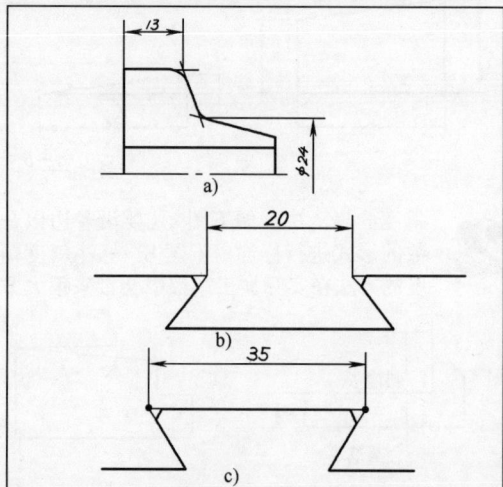

图形的大小和标注不同时的尺寸标注

当尺寸数字没按照实际图形的大小进行标注时，要在数字下面画上实线。

如下图 a)，在图样完成以后，当有部分尺寸必须进行变更时，这时就不必更改图样，而只更改数字就可以。但为了引起读图人员的注意，要标上实线进行提示。但是当图形的中间部分被省略时，这时的尺寸很明显不是图形实际大小的尺寸，所以实线可以省略。

如图 b) 所示，图样中间部分被切断省略，全长 500 与图形的实际大小不一致，但这种不一致一眼就能看出来，所以尺寸数字下面没有画实线。

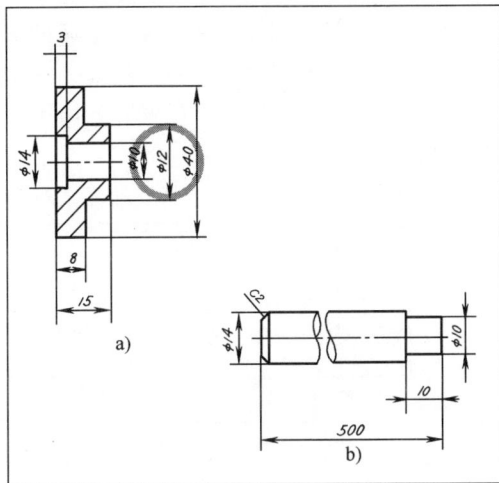

变更图样尺寸时的标注

当变更图样尺寸时，为了让人清楚改变前的形状与数值，要在变更的地方标注适当的记号，变更日期与变更理由要另外记入变更登记栏中。

更正后的数值要标记在与原数值相近的地方，为了不引起误解，要把原数值划掉。

再者，要根据变更日期划分登记栏，以便于能清楚地区别。

对于变更尺寸的地方，由于图形的大小与尺寸所表示的大小不一样，所以不要被图样的形状误导，在加工时要注意。

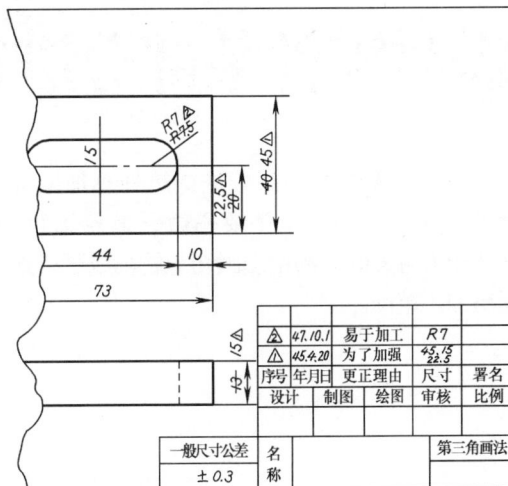

用坐标标注尺寸

随着 NC 机床的普及，为了图样尺寸的合理化，JIS（日本工业标准）规定了通过坐标进行尺寸标注的方法。这种方法要先确定一处基准位置，然后从基准位置开始用相对方式进行一系列尺寸的标注。

例如图 a) 的方法是通过基准端面来对孔的位置关系进行表示的方法；图 b) 的方法是把中间附近最适合的位置作为基准面位置，向左右方向进行尺寸标注的方法；图 c) 采用方法是先设定坐标 X 轴与 Y 轴，再以相交成直角的两端面为基准位置，对多个孔的位置关系进行符号标记，最后再整理到一个表中。

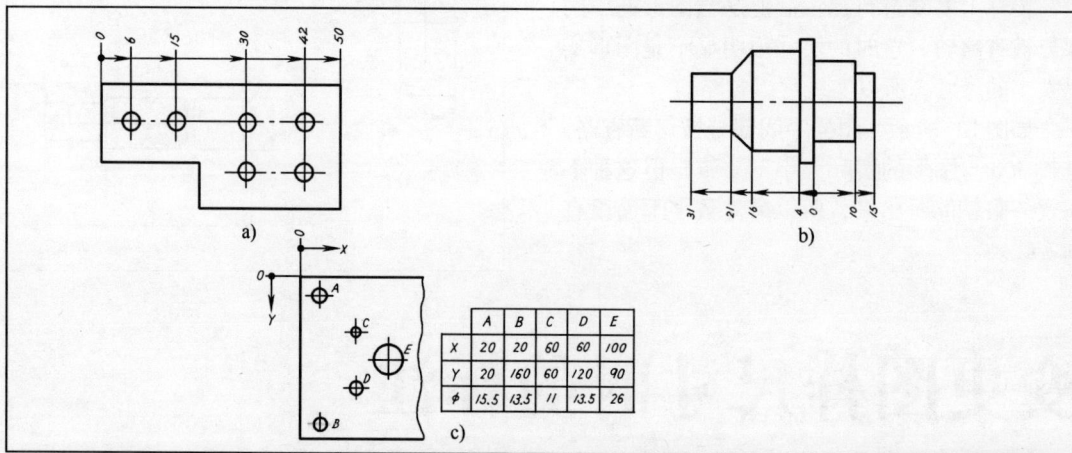

a)

b)

	A	B	C	D	E
X	20	20	60	60	100
Y	20	160	60	120	90
ϕ	15.5	13.5	11	13.5	26

c)

需对零件某部分进行特殊加工时的标注

当需对零件的一部分进行热处理加工等特殊加工时，加工范围要稍微远离轮廓线，并使用 0.4~0.8mm 的粗点画线与轮廓线平行地画出加工范围。

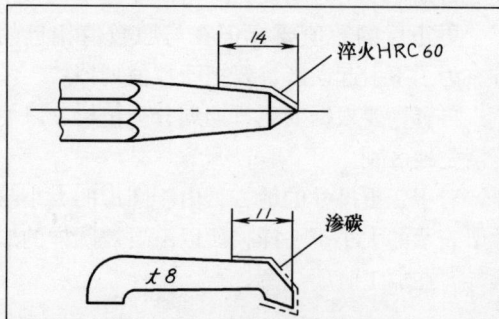

注：对于洛氏硬度符号及写法，日本为 HRC60，中国对应为 60HRC。——译者注

50

公差

尺寸公差

　　由于即使加工者忠实地按照图样尺寸进行加工，也无法做到与标注尺寸完全相同。所以符合加工标准的尺寸应有合理的变动范围，也就是加工时所允许的最大误差量，称之为**公差**。

　　与规定尺寸相比，将加工后尺寸中允许的最大尺寸叫做**上极限尺寸**，最小尺寸叫做**下极限尺寸**。

　　图样上规定的尺寸叫做**公称尺寸**，上极限尺寸减去公称尺寸的值叫做**上极限偏差**，下极限尺寸减去公称尺寸的值叫做**下极限偏差**，上、下极限偏差通过"+−"号进行表示。

　　下面用左面的图进行说明，例如：当公称尺寸是 $\phi40$ 时，公差就是 0.6（变化范围为 −0.3~+0.3），上极限尺寸是 40.3（40+0.3），下极限尺寸是 39.7（40−0.3），上极限偏差是 0.3，下极限偏差也是 0.3。

　　这个数值的含意是，无论再加工多少个零件，所有零件的尺寸都必须要保持在上极限尺寸与下极限尺寸之内。

　　当两个物体组装在一起时，如果每个物体的零件尺寸都在公差范围以内，那么 $\phi20$ 的孔里就一定能装入 $\phi20$ 的轴，所以无论生产多少个零件，每个都要保证能顺利地安装、自由地更换。这就叫产品的互换性。

　　但在图样中，公差一般都标注成尺寸极限偏差的形式。其中，也有的会把上极限尺寸与下极限尺寸分别标注在尺寸线的上方和下方。这种方法叫做极限尺寸标注法，由于公称尺寸有时看起来不直观，所以一般不使用。

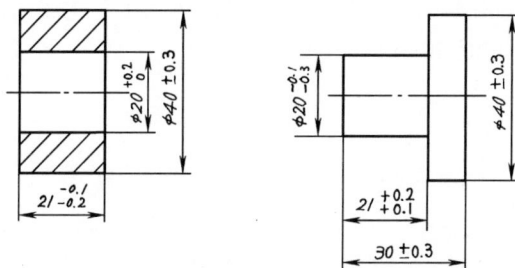

▲公称尺寸的右上角是用尺寸极限偏差表示的公差。当尺寸上极限偏差与下极限偏差相等时，可以写成一个用 ± 符号表示的数值。

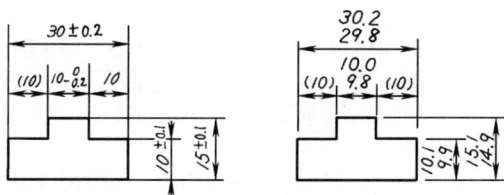

▲左图是用尺寸极限偏差的形式标注的公差，右图是用极限尺寸的形式标注的公差。

一般尺寸公差

当一张图样中有几个尺寸的公差相同时，要将其以一般尺寸公差的形式写在另外的表中。这样可以使图面变得简洁明了，而且将不太重要的尺寸以一般尺寸公差的形式统一表示，也可以减少加工的错误。当每个零件的一般尺寸公差都不相同时，可以列出零件序号与一般尺寸公差共同标注。这时，所有没有标注公差的尺寸，就会按照一般尺寸公差进行加工。

根据零件的不同，当尺寸过大或过小时，如果统一确定一般尺寸公差数值，就会造成尺寸与公差的比例过大或过小，起不到公差应有的作用。

例如：$\phi100\pm0.2$ 与 $\phi1\pm0.2$，虽然是相同的公差，$\phi100$ 的变动范围 $\phi99.8\sim\phi100.2$ 与 $\phi1$ 的变动范围 $\phi0.8\sim\phi1.2$ 相比，无论从材料的强度来看，还是从加工的难易程度来看，都不太合理。

为了避免这种矛盾，通常根据尺寸的大小，采用更改一般尺寸公差的方法。

在 JIS B0405 中规定，切削加工的一般尺寸公差分为精密级、中等级、粗糙级三种，以适用于 $1\sim2000$mm 之间的尺寸，根据其公称尺寸的大小确定尺寸公差。

例如，如果一般尺寸公差栏里写有"精密级"，那么总长 50 就是 50 ± 0.15，总长 10 就是 10 ± 0.1。

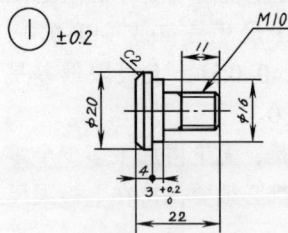

▲带有零件序号的一般尺寸公差

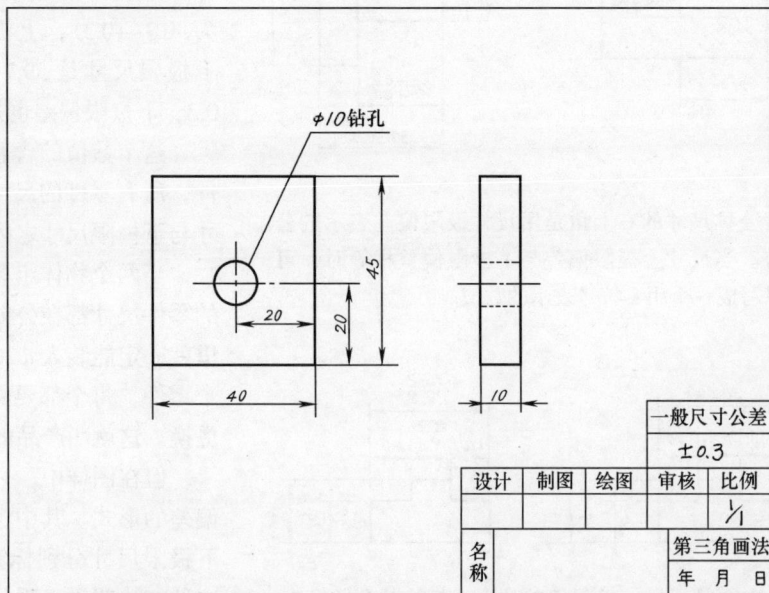

▲记入备注栏中的一般尺寸公差。标准的图样标注方法如上。

避免公差重复的尺寸

图 b 的尺寸标注，一般难以加工。其原因在于，在标注两个以上并列的长度尺寸时，由于公差的重复所带来的影响。

例如，如图 b 所示，如果按照 $12^{+0.1}_{0}$ 为 12.1、$14^{+0.1}_{0}$ 为 14.1、16 ± 0.2 为 16.2 来进行加工，所有的数值都在公差范围内，可以说是合格品，但结果总长是多少呢？12.1+14.1+16.2=42.4，不在 42 ± 0.2 的公差范围之内。

当出现这种相互矛盾的公差的时候，一定要询问设计人员，请他来确定哪些是相对不太重要的尺寸。

所以为了避免公差的重复带来的麻烦，要像图 a 一样，在一处使用（ ）尺寸不标注公差。

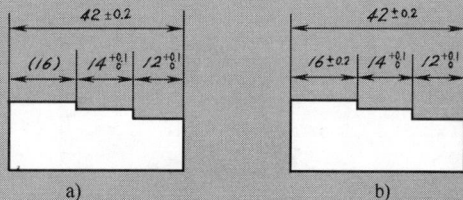

a)   b)

为了使加工者容易理解，通常要在图样的一侧附加上 JIS 的对照表。

但在有些工厂会不按照 JIS 的对照表，而是自行确定一般尺寸公差，再根据加工零件的不同而相应地制作合适的表，附在图样上。

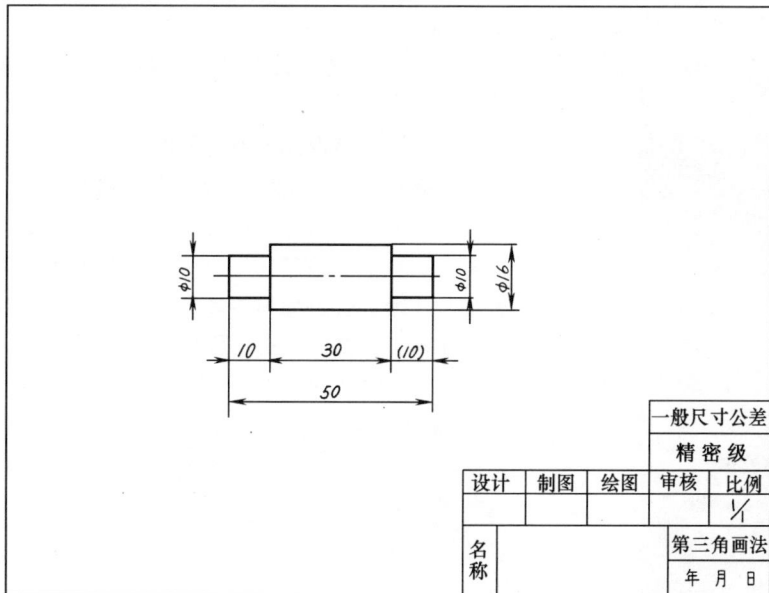

	尺寸公差 /mm		
尺寸的区间	精密级（12级）	中等级（14级）	粗糙级（16级）
0.5 以上 3 以下	± 0.05	± 0.1	—
3 以上 6 以下			± 0.2
6 以上 30 以下	± 0.1	± 0.2	± 0.5
30 以上 120 以下	± 0.15	± 0.3	± 0.8
120 以上 315 以下	± 0.2	± 0.5	± 1.2
315 以上 1000 以下	± 0.3	± 0.8	± 2
1000 以上 2000 以下	± 0.5	± 1.2	± 3

▲ 因为尺寸公差是精密级，要根据 JIS 对照表来确定每个尺寸的公差。

▲ JIS 切削加工的一般尺寸公差

53

配合

配合代号

把轴装入孔时，根据使用目的的不同，轴与孔之间需要有合适的尺寸差。轴与孔之间有时需要有一定的间隙；有时要两者很严密配合，没有间隙；也有时会需要轴比孔稍微粗一些，安装时要敲进去。这种孔与轴的相互关系就叫做配合。

图样尺寸旁边标注的小写拉丁字母，就是配合的代号，在这里使用 JIS 配合代号来代替数值表示尺寸公差（见 56 页）。

极限量规

用来比较、测定公差的最大极限尺寸与下极限尺寸的工具，就叫做极限量规（limit gauge）。

极限量规是一种简便的量具，之所以这样说，是因为它所测量的不是尺寸的数值本身，而是尺寸是否在公差范围内。

具有代表性的极限量规有塞规和卡规。

塞规用于孔的测量，公差的下极限尺寸作为通端，上极限尺寸作为止端。把塞规的通端塞入孔内，这时如果止端没进入孔内，就说明尺寸在公差范围以内，零件是合格品。

卡规用于轴的测量，原理与塞规相同，公差的下极限尺寸作为通端，上极限尺寸作为止端。把塞规的通端塞入孔内，这时如果止端没进入孔内，就说明尺寸在公差范围以内，零件是合格品。此外，环规的用途与卡规大致相同。

◀ 塞规

◀ 卡规

◀ 环规

间隙配合、过渡配合、过盈配合

以上是三种孔与轴的配合种类。

间隙配合：轴的上极限尺寸小于孔的下极限尺寸的配合。通常孔和轴之间会有一定的间隙。

过渡配合：当轴嵌入孔内时，两者的尺寸都在极限尺寸之内，但根据加工尺寸，可能具有间隙，也可能存在过盈的配合。

过盈配合：轴的下极限尺寸大于孔的上极限尺寸的配合。一般孔与轴之间会有一定的过盈量，这样轴就不能轻易地嵌入孔内。

间隙与过盈量

在间隙配合中，孔的下极限尺寸减去轴的上极限尺寸的差值叫做最小间隙，孔的上极限尺寸减去轴的下极限尺寸的差值叫做最大间隙。

在过盈配合中，由于轴的尺寸比孔大，所以轴的下极限尺寸减去孔的上极限尺寸的差值叫做最小过盈量，轴的上极限尺寸减去孔的下极限尺寸的差值叫做最大过盈量。

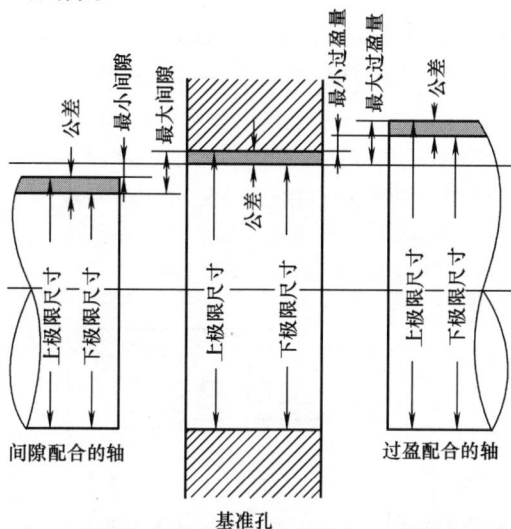

间隙配合的轴 基准孔 过盈配合的轴

基孔制与基轴制

在进行孔与轴的配合加工时，要以孔或轴的其中一方为基准，而让另一方与其配合，在 JIS 中规定了两种方式：把孔作为基准的基孔式，把轴作为基准的基轴式。

基孔制是先确定一个有一定公差的基准孔，然后再通过相应的轴径大小来确定产生间隙配合或过盈配合。因此，将难加工的孔作为基准，让相对容易加工的轴与其相配合，这样就能让加工变得相对容易，这也是基孔制的优点。

基轴制与基孔制正好相反，先确定基准轴，然后再规定孔径的配合种类，因此像传动轴那样一根轴上连续有数种配合时，要采用基轴制，这无论在设计上还是加工上都是一种很好的方式。

由于采用基孔制所需的量规或工具的准备费用相对较低，所以一般情况下都采用基孔制（见56页）。

常用的基孔制配合尺寸公差

当图样中只标注有配合代号而没有标注具体公差时，那么配合代号表示的实际尺寸公差是多少，配合的关系又是怎样的？可在57页的 JIS B0401 尺寸公差一览表中可查找到部分信息。

在配合中常用的孔与轴的配合关系大致可以分为：间隙配合、过渡配合、过盈配合三种，每种配合的尺寸都用拉丁字母进行表示。在使用基孔制时，轴的尺寸公差使用小写拉丁字母；在基轴制时，孔的尺寸公差使用大写拉丁字母。

基孔制的孔为基准孔，孔径的最小极限尺寸与公称尺寸一致时（下极限偏差为 0），基准公差代号用 H 表示，以此为标准，配合轴代号用 a、b、c、d、e、f、g、h、j、k、m、n、p、r、s、t、u、v、x、y、z 表示，并且拉丁字母的位置越靠后，轴也就越粗。但是在拉丁字母中，由于 i、l、o、q、w 易与其

▼基孔制配合与基轴制配合

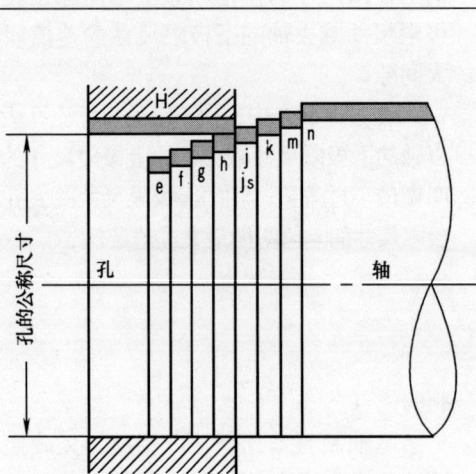

基孔制配合

配合轴相对于基准孔 H 的尺寸公差。轴的尺寸公差用小写字母，拉丁字母的位置越靠后，轴径越大。

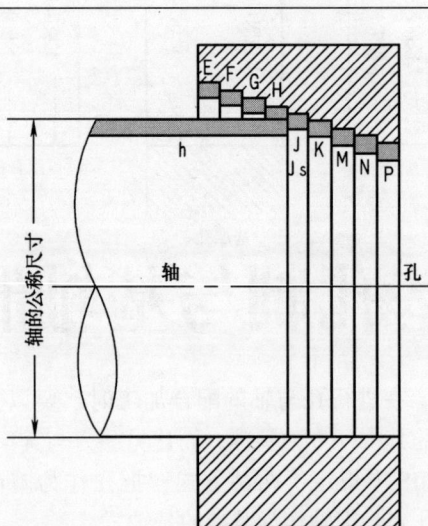

基轴制配合

配合孔相对于基准轴 h 的尺寸公差。孔的尺寸公差使用大写字母，拉丁字母的位置越靠后，孔径越小。

他代号相混淆，所以不使用它们作为代号。而且，即使配合的种类相同，公差带也会有窄有宽，这叫做等级，JIS 规定的等级从 4 级到 10 级。

例如：H7、K8，H7 表示 7 级的孔，K8 表示 8 级的轴。

当孔与轴配合表示时，无论是基孔制还是基轴制，都要在孔的代号后面标注轴的代号。

如果是 $\phi 20H6g6$，从表中就可以得出，它是直径 20、孔为 H6、轴为 g6 的间隙配合。

由于配合的关系，以 H8 和 H9 为基准孔的配合中没有过盈配合和 h 以外的中间配合。

这是因为，像 H8~H10 这样公差很大的孔，如果让公差很大的轴与其配合，即使配合有一定的过盈量也很难保证其互换性。

▼ 常用基孔制配合的尺寸公差一览表 （单位：μm=0.001mm）

左侧图示：尺寸公差的关系图与配合（+ 0 −）。各等级分组均含：基准孔 / 间隙配合 / 过渡配合。

尺寸的区间 mm	H5	g5	h5	js5	K5	m5	H6	f6	g6	h6	js6	k6	m6	H7	e7	f7	h7	js7	k7	H8	e8	f8	h8	H9	C9	d9	e9	h9
	5级						6级							7级						8级				9级				
3 以下	+4/0	−2/−6	0/−4	±2	+4/0	+6/+2	+6/0	−6/−12	−2/−8	0/−6	±3	+6/0	+8/+2	+10/0	−14/−24	−6/−16	0/−10	±5	+10/0	+14/0	−14/−28	−6/−20	0/−14	+25/0	−60/−85	−20/−45	−14/−39	0/−25
大于3 ~ 6	+5/0	−4/−9	0/−5	±2.5	+6/+1	+9/+4	+8/0	−10/−18	−4/−12	0/−8	±4	+9/+1	+12/+4	+12/0	−20/−32	−10/−22	0/−12	±6	+9/−3	+18/0	−20/−38	−10/−28	0/−18	+30/0	−70/−100	−30/−60	−20/−50	0/−30
6 ~ 10	+6/0	−5/−11	0/−6	±3	+7/+1	+12/+6	+9/0	−13/−22	−5/−14	0/−9	±4.5	+10/+1	+15/+6	+15/0	−25/−40	−13/−28	0/−15	±7.5	+15/+1	+22/0	−25/−47	−13/−35	0/−22	+36/0	−80/−116	−40/−76	−25/−61	0/−36
10 ~ 18	+8/0	−6/−14	0/−8	±4	+9/+1	+15/+7	+11/0	−16/−27	−6/−17	0/−11	±5.5	+12/+1	+18/+7	+18/0	−32/−50	−16/−34	0/−18	±9	+12/−6	+27/0	−32/−59	−16/−43	0/−27	+43/0	−95/−138	−50/−93	−32/−75	0/−43
18 ~ 30	+9/0	−7/−16	0/−9	±4.5	+11/+2	+17/+8	+13/0	−20/−33	−7/−20	0/−13	±6.5	+15/+2	+21/+8	+21/0	−40/−61	−20/−41	0/−21	±10.5	+15/−6	+33/0	−40/−73	−20/−53	0/−33	+52/0	−110/−162	−65/−117	−40/−92	0/−52
30 ~ 50	+11/0	−9/−20	0/−11	±5.5	+13/+2	+20/+9	+16/0	−25/−41	−9/−25	0/−16	±8	+18/+2	+25/+9	+25/0	−50/−75	−25/−50	0/−25	±12.5	+18/−7	+39/0	−50/−89	−25/−64	0/−39	+62/0	−120/−192	−80/−142	−50/−112	0/−62
50 ~ 80	+13/0	−10/−23	0/−13	±6.5	+15/+2	+24/+11	+19/0	−30/−49	−10/−29	0/−19	±9.5	+21/+2	+30/+11	+30/0	−60/−90	−30/−60	0/−30	±15	+21/−9	+46/0	−60/−106	−30/−76	0/−46	+74/0	−140/−224	−100/−174	−60/−134	0/−74
80 ~ 120	+15/0	−12/−27	0/−15	±7.5	+18/+3	+28/+13	+22/0	−36/−58	−12/−34	0/−22	±11	+25/+3	+35/+13	+35/0	−72/−107	−36/−71	0/−35	±17.5	+25/−10	+54/0	−72/−126	−36/−90	0/−54	+87/0	−170/−267	−120/−207	−72/−159	0/−87
120 ~ 180	+18/0	−14/−32	0/−18	±9	+21/+3	+33/+15	+25/0	−43/−68	−14/−39	0/−25	±12.5	+28/+3	+40/+15	+40/0	−85/−125	−43/−83	0/−40	±20	+28/−12	+63/0	−85/−148	−43/−106	0/−63	+100/0	−200/−330	−145/−245	−85/−185	0/−100
180 ~ 250	+20/0	−15/−35	0/−20	±10	+24/+4	+37/+17	+29/0	−50/−79	−15/−44	0/−29	±14.5	+33/+4	+46/+17	+46/0	−100/−146	−50/−96	0/−46	±23	+33/−13	+72/0	−100/−172	−50/−122	0/−72	+115/0	−240/−395	−170/−285	−100/−215	0/−115
250 ~ 315	+23/0	−17/−40	0/−23	±11.5	+27/+4	+43/+20	+32/0	−56/−88	−17/−49	0/−32	±16	+36/+4	+52/+20	+52/0	−110/−162	−56/−108	0/−52	±26	+36/−16	+81/0	−110/−191	−56/−137	0/−81	+130/0	−300/−460	−190/−320	−110/−240	0/−130
315 ~ 400	+25/0	−18/−43	0/−25	±12.5	+29/+4	+46/+21	+36/0	−62/−98	−18/−54	0/−36	±18	+40/+4	+57/+21	+57/0	−125/−182	−62/−119	0/−57	±28.5	+40/−17	+89/0	−125/−214	−62/−151	0/−89	+140/0	−360/−540	−210/−350	−125/−265	0/−140
400 ~ 500	+27/0	−20/−47	0/−27	±13.5	+32/+5	+50/+23	+40/0	−68/−108	−20/−60	0/−40	±20	+45/+5	+63/+23	+63/0	−135/−198	−68/−131	0/−63	±31.5	+45/−18	+97/0	−135/−232	−68/−165	0/−97	+155/0	−440/−635	−230/−385	−135/−290	0/−155

标注配合代号的尺寸

当同时标注尺寸和配合代号时，公差就必须按照所标注的配合代号进行加工。

孔径与轴径分别使用塞规和卡规测量。

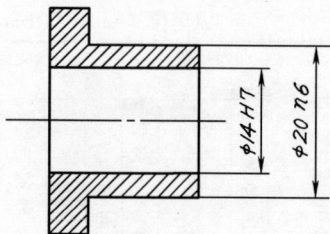

只要不是大批量生产，轴的测量通常使用千分尺，这时加工者就必须要事先确定公差。

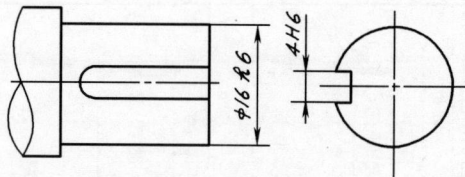

▲$\phi14H\ 7$ 表示公称尺寸是 14mm 的 7 级孔径，根据 57 页的表可以得出公差为 $14^{+0.018}_{0}$，上极限尺寸是 14.018，下极限尺寸是 14.000。

$\phi20n\ 6$ 表示公称尺寸是 20mm 的 6 级轴径，公差为 $20^{+0.028}_{+0.015}$，上极限尺寸是 20.028，下极限尺寸

是 20.015。

▲$4H\ 6$ 是键槽的宽度。不仅限于孔与轴，这种表示法有时也用于表示槽的宽度。$4H\ 6$ 的公差是 $4^{+0.008}_{0}$，但需要注意的是，如果这种尺寸很小，公差就会变得特别小。

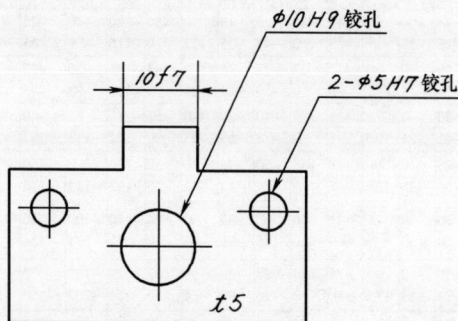

▲$10f\ 7$ 是板的凸起部分的宽度，指引线上的 $\phi10H9$ 与 $\phi5H7$ 表示小孔径。它们是由钻孔后经过精铰加工得出的。

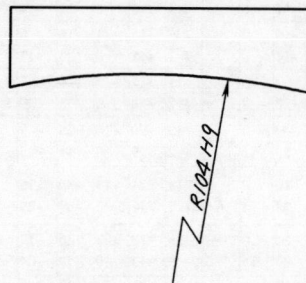

▲R 的公差几乎不使用配合代号，但在 $R104H9$ 的情况下，如果在加工过程中由直径来决定尺寸，公差就要与 R 尺寸一起变为原来的 2 倍，$104^{+0.087}_{0}$ 就要变成 $208^{+0.174}_{0}$，所以一定要注意。

装配图中的尺寸

当标注公称尺寸相同的孔与轴的配合时，分数的分子代表孔径的公差，分母代表轴径的公差（分数也可以写成/的形式）。用这种方法将配合的孔与轴的公称尺寸与配合代号进行同时标注，配合的种类就变得一目了然了。而且，当一个图样中有数个装配件时，为了容易读图，可以在配合代号后面标上零件序号。

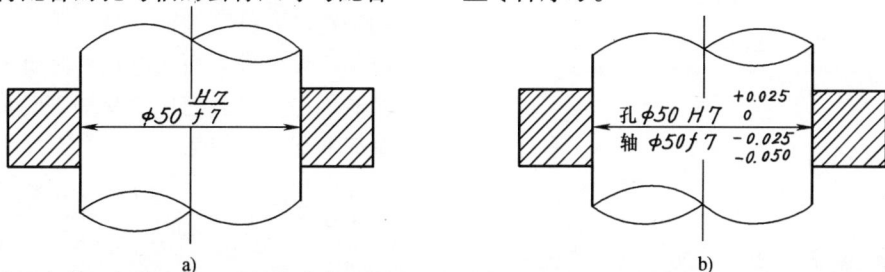

a)

b)

▲图 a）是在孔与轴进行装配时，通过配合代号来表示公差的图。图 b）是对图 a）的配合状态的详细描述。$\phi50^{\frac{H7}{f7}}$表示：孔径是 $\phi50H7$，公差为 $50^{+0.025}_{0}$；轴径为 $\phi50f7$，其公差是 $50^{-0.025}_{-0.050}$。

它表示，孔与轴的配合是 7 级的间隙配合。

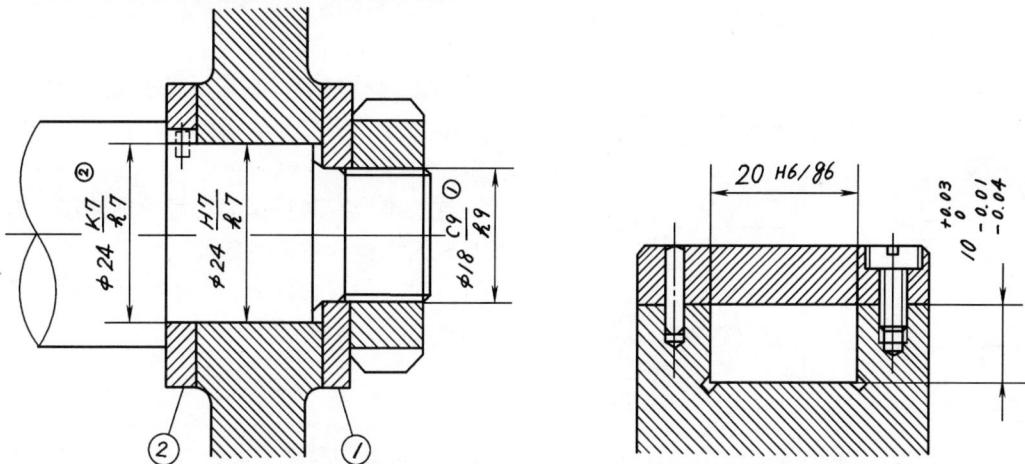

▲当一张图样中同时有数个孔与轴的配合时，为了便于理解，可以在配合代号的后面标注上零件序号。

而且，当一个轴上要装配几个不同的零件时，采用基轴制可以使加工变得更容易。

▲上面是矩形槽滑动部的装配图，说明像 20 H6/g6 这样的配合代号有时也会用在孔与轴以外的其他地方。但多数加工者都喜欢用 $10^{+0.03}_{0}{}^{-0.01}_{-0.04}$ 这样通过数值表示公差的方法。

59

表面粗糙度

———	光线平板
〜〜〜	研磨加工面
〜〜〜	磨削加工面
⋀⋁⋀	锉刀加工面
⋀⋁⋀	车削加工面
⋀⋁⋀	钻孔加工面

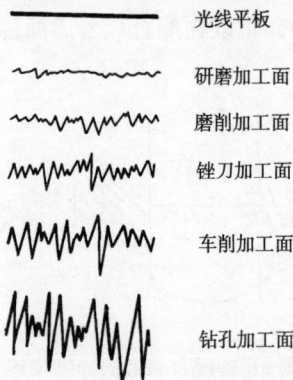

▲主要加工方法的表面粗糙度

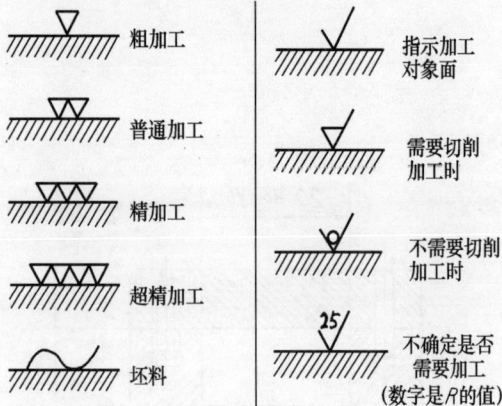

▽	粗加工	∨	指示加工对象面
▽▽	普通加工	▽	需要切削加工时
▽▽▽	精加工	⋎	不需要切削加工时
▽▽▽▽	超精加工	25/	不确定是否需要加工（数字是R的值）
〜	坯料		

▲加工符号

除 R_a 外还可标注代号 S, Z ← R_a 的值

加工方法（R_a 以外的表面精糙度值）

切去值（取样长度）

加工纹理方向的代号（图样中投影面为直角的情况）

▲表面代号的表示

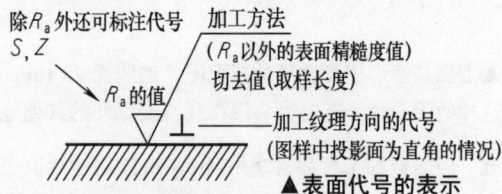

表面粗糙度的表示方法

由于加工方法不同，所以必须根据尺寸精度对零件表面的加工状况进行分类、确定。从表面粗糙的零件到表面光滑、干净的零件之间的种类不计其数。而表示这种感觉的量的大小就是表面粗糙度。它主要受加工时使用的刀具以及加工方法的影响。

在图样上，加工面的表面粗糙度⊖的表示通常使用加工符号和表面代号。

加工符号

加工符号用来大致区分零件的表面粗糙度，通常使用三角符号（▽）和波浪形符号（〜）表示。

JIS 中三角符号有 4 种，三角形的个数越多表示加工面越精细，它表示的是切削加工面。波浪形代号表示的是非切削面，比如（黑皮以及铸件的线纹）。

这些符号有时只作为符号单独使用，有时候与表面粗糙度数值一起使用。当单独使用加工符号时，一般会认为，与表面粗糙度三角符号相对的区间值的数值范围很大。

表面代号

当对表面粗糙度要求更加高，单独使用加工符号难以对其进行表示时，就要用到表面代号。

表面代号完整的表示方法，包括加工方法、表面粗糙度的上下区间值以及与此相对的取样长度、加工纹理。

⊖ 中国机械制图标准中，表面粗糙度的表示方法等相关规定与此略有不同，请参考相关图书，不再一一注明。——译者注

表面粗糙度的种类

JIS B 0601 中规定，表面粗糙度的测量方法包括：最大高度法（R_{max}），十点平均粗糙度法（R_z），以及中线平均粗糙度法（R_a）3 种，其中比较常用的方法是使用 R_a 对粗糙度进行表示。

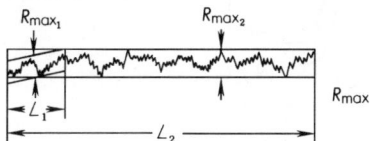

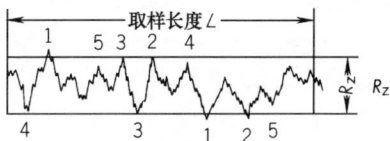

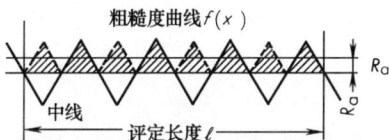

● 最大高度法（代号 R_{max}）是从剖面曲线上选取取样长度 L，然后求出这部分的最大高度，用微米单位（μm=0.001mm）进行表示。但曲线特别高的地方除外。

● 十点平均粗糙度法（代号 R_z）是从剖面曲线上选取取样长度 L，然后从通过第三高的波峰和第三高的波谷引两条相互平行的直线，测定平行线间隔，最后用微米单位（μm）对其进行表示。

● 中线平均粗糙度法（代号 R_a）是把粗糙度剖面曲线沿中线对折，然后用粗糙度曲线与中线围成的面积除以评定长度 l 所得的数值进行表示。它可以通过中线粗糙度测定器直接读取。

取样长度包括 0.08mm，0.25mm，0.8mm，2.5mm，8mm 以及 25mm 六种，一般要通过区间值的大小来确定取样长度。

▼ 表面粗糙度的种类、区间值以及三角符号的关系

最大高度 R_{max} 的区间值	十点平均粗糙度 R_z 的区间值	中线平均粗糙度 R_a 的区间值	取样长度 L 的标准值	三角符号
0.05s	0.05z	0.013a		
0.1s	0.1z	0.025a		
0.2s	0.2z	0.05a	0.25	▽▽▽▽
0.4s	0.4z	0.10a		
0.8s	0.8z	0.20a		
1.6s	1.6z	0.40a		
3.2s	3.2z	0.80a	0.8	▽▽▽
6.3s	6.3z	1.6a		
12.5s	12.5z	3.2a	2.5	▽▽
25s	25z	6.3a		
50s	50z	12.5a	8	▽
100s	100z	25a		
200s	200z	50a	25	—
400s	400z	100a		

表面粗糙度在图样上的标注

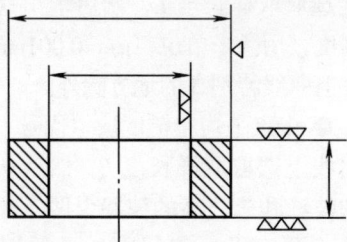

▲只将加工符号标注在指定面。

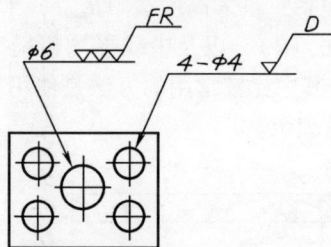

▲小孔用加工符号表示时要画出指引线，*FR* 表示精铰加工，*D* 是钻孔加工方法的简称（见 64 页）。

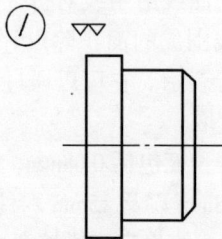

▲当零件所有表面的加工状态都一样时，可以把符号标注在零件编号的右侧进行统一表示。

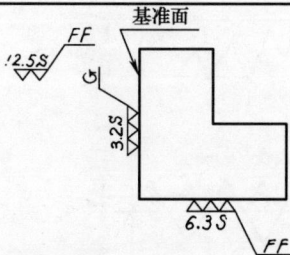

▲当只用加工符号表示时，如果标注过于简略，要把表面粗糙度区间值明确标记在三角符号上方。

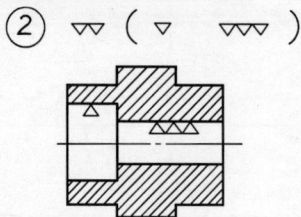

▲当加工面的大部分都相同，只有小部分不同时，可以只标注大部分的加工符号，并同时在（ ）中标注小部分的加工符号。

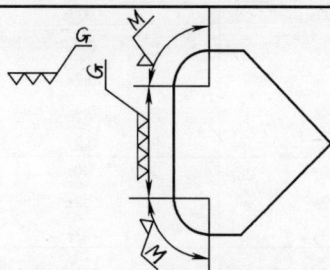

▲当加工面是一系列的曲面组成时，可以通过尺寸指引线来规定加工符号所表示的加工范围。

加工符号或表面代号要与指定面、指定面的延长线或者尺寸指引线相连接，并标注在其外侧。

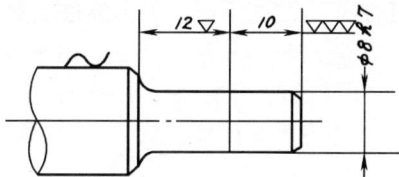

▲在同一物体的直径上，当特定范围内的加工要求不同时，其加工范围与加工符号的表示方法。

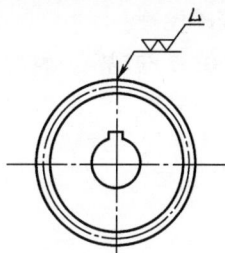

▲齿轮外径面表面粗糙度的表示方法。同时也表示车削加工（L）。

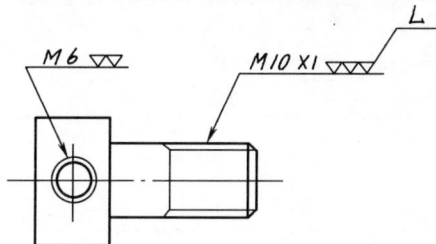

▲螺钉加工面粗糙度的表示方法。这种标注方法表示的是螺钉所有表面的表面粗糙度。

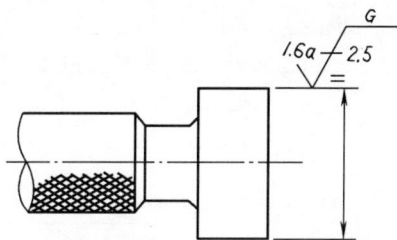

▲只标注表面代号的图样。其含义：车削加工、加工样式与投影面平行（=）、表面粗糙度数值为（R_a）、切削值为0.25、最大公差为1.6μm。

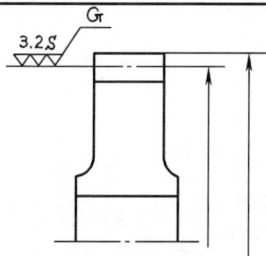

▲直齿圆柱齿轮齿面表面粗糙度的表示方法。表示所有齿面的表面粗糙度并且标注在分度圆上。其加工方法为研磨加工（G）。

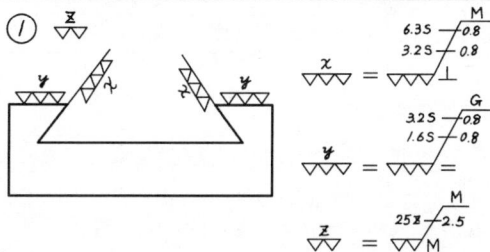

▲当面上要标注很多表面代号时，可以在指定面上标注简单的代号，然后在旁边适当的地方标注其含义。

加工方法的简略代号和加工纹理的符号

● **加工方法的简略代号**

  根据 JIS B 0122 的规定，表面代号中的加工方法可使用简略代号，但由于长期以来的广泛使用以及为了便于理解，有时候也使用文字符号。

● **加工纹理的符号**

  由于加工方法的不同，加工痕迹当然也不一样，但即使是相同的加工方法，由于刀具的种类或使用方法的不同，加工痕迹也会不同。

  要详细规定表面代号，就有必要规定加工痕迹。

▼加工方法的简略代号

加工方法	简略代号		加工方法	简略代号	
	I	II		I	II
车削	L	车	珩磨机	GH	珩
开孔（钻孔）	D	钻	液体喷砂加工	SPL	液喷
镗削	B	镗	滚磨	SPBR	滚
铣削	M	铣	抛光加工	FB	抛
龙门刨削	P	龙刨	喷砂加工	SB	喷
牛头刨削	SH	牛刨	研磨加工	FL	研
拉削	BR	拉	锉刀加工	FF	锉
精铰加工	FR	铰	刮研加工	FS	刮
磨削	G	磨	砂纸磨光加工	FCA	纸磨
带磨光	GB	带磨	铸造	C	铸

表中的简略代号 I 是 JIS B 0122 规定使用的代号

▼加工纹理的符号

符号	＝	⊥	×	M	C	R
含意	加工条纹的方向与标注符号图形的投影面平行	加工条纹的方向与标注符号图形的投影面垂直	加工条纹向两个方向交叉	加工条纹向多个方向交叉，也可以说是没有方向	加工条纹大致是同心圆	加工条纹大致呈放射状
说明图						

表面波度

比表面粗糙度间隔更大，连续、重复的起伏叫做表面波度。在高精度的加工面上，如果仅仅标注表面粗糙度难以满足加工要求，这时就要求标出表面波度，因此在一般的图样上这种标注是很少见的。但对于加工者来说，必须单记这种加工面上的表面波度的存在。

表面波度可以通过波度曲线求得。而从断面曲线中除去表面粗糙度的成分就得到波度曲线。

波度曲线有两种求法：一种是使用电工中的滤波器回路除去细微凸凹的方法；另一种是通过有一定半径的圆板，当圆板沿断面曲线运动时，求其中心运动轨迹的方法。前者叫做滤波波度曲线，后者叫做滚圆波度曲线。

关于表面弯曲的求法，有以下4种规定。

● 滤波最大波度（W_{CM}）：滤波波度曲线基准距离内的最大波高。

● 滤波中心线波度（W_{CA}）：在滤波波度曲线上只抽出评定长度部分的中心线平均值。

● 滚圆最大波度（W_{EM}）：滚圆波度曲线基准距离内的最大波高。

● 滚圆中心线波度（W_{EA}）：在滚圆波度曲线上只抽出评定长度部分的中心线平均值。

代号 W 是波度（Waviness）的首字母，小字 C 是截止（Cutoff）的首字母，E 是滚动（Envelope）的首字母，M 与 A 分别是最大（Maximum）和平均（Average）的首字母。

把表面波度标注到加工面上，要使用60页的表面粗糙度代号，并在加工纹理代号的右边标出表面波度的简略代号与数值。

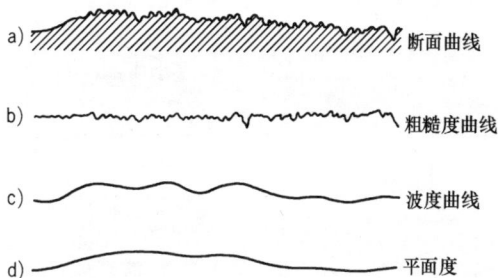

▲表面波度代号

① 中的 $0.2\mu m W_{CA} 0.8mm f_h 8mm f_L$ 的意思是滤波中心线波度（W_{CA}）为 $0.2\mu m$、短波滤波器的截止波长（f_h）是 0.8mm、长波滤波器的截止波长（f_L）为 8mm。

② 中的 $1.6\mu m W_{EM} 2.5mm R 8mm L$ 的意思是滚圆最大弯曲（W_{EM}）为 $1.6\mu m$、滚圆半径（R）为 2.5mm、取样长度（L）为 8mm。

另外两种简略代号的名称也一样。滤波最大波度：滤波最大波度（W_{CM}）μm、短波滤波器的截止波长（f_h）mm、长波滤波器的截止波长（f_L）mm。

滚圆中心线弯曲：滚圆中心线弯曲（W_{EA}）μm、滚圆半径（R）mm、长波滤波器的截止波长（f_L）mm。

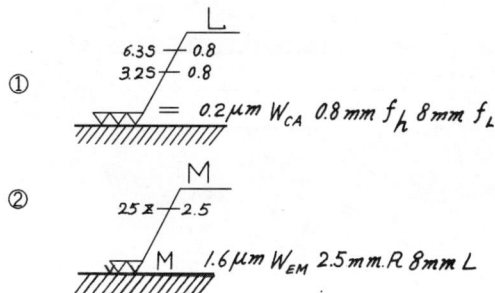

形状和位置公差

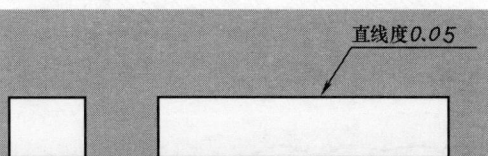

图1 一定方向的直线度

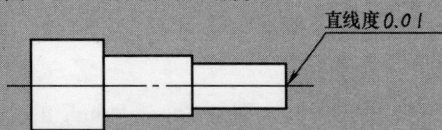

图2 轴线的直线度

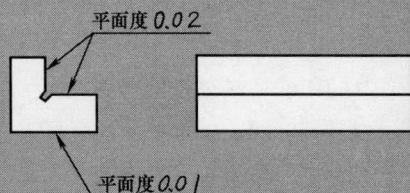

图3 平面度

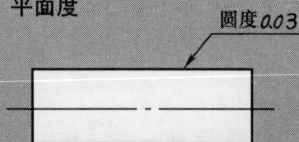

图4 圆度

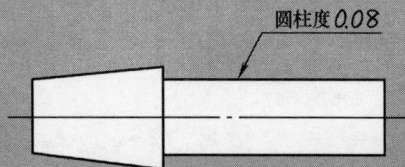

图5 圆柱度

　　形状和位置公差用于规范比表面粗糙度、表面波度有更大间隔的形状偏差。

　　为了保持零件的互换性，不仅是尺寸公差、表面粗糙度，形状与位置也有必要对应一定的精度保持必要的偏差。

　　这种机械零件的形状与位置公差，在 JIS B 0621 及 B 0021 中都有规定。

　　其种类包括：直线度、平面度、圆度、圆柱度、线轮廓度、面轮廓度、平行度、垂直度、倾斜度、位置度、同轴度、对称度以及跳动。

● 直线度：直线度是机械的直线部分相对于几何学直线的偏差值（见图1、图2）。

● 平面度：平面度是机械的平面部分相对于几何学平面的偏差值（见图3）。

● 圆度：圆度是机械的圆形部分相对于几何学圆形的偏差值（见图4）。

● 圆柱度：圆柱度是机械的圆柱部分相对于几何学圆柱的偏差值（见图5）。

● 平行度：平行度指应该相互平行的机械部分，在其直线与直线、直线与平面、平面与平面的组合中，以其中的一方为基准，另一方与其相平行时的偏差值（见图6）。

● 垂直度：垂直度指应该相互垂直的机械部分，在其平面与直线（见图7）、直线与直线（见图8）、平面与平面（见图9）的组合中，以其中的一方为基准，另一方与其相垂直时的偏差值。

● 线轮廓度：线轮廓度是指线的轮廓相对于几何学轮廓的偏差值，而几何学轮廓是通过理论上正确的尺寸决定的。

● **面轮廓度**：与线轮廓度一样，其表示的是面的轮廓偏差值。

● **倾斜度**：在理论上具有正确角度的直线或面的组合中，当以一方为基准时，另一方直线或平面的偏差值。

● **位置度**：位置度是点、线、平面相对于基准位置的偏差值。

● **同轴度**：基准轴和应该与其在同一条直线上的轴线相对于基准轴的偏差值。

● **同心度**：平面图形的两个圆，其中一个圆相对于另一个基准圆圆心的偏差值。

● **对称度**：关于基准轴线或基准中心面应该相互对称的部分相对于对称位置的偏差值。

● **跳动**：当机械零件在基准轴线附近围绕固定点旋转时，其表面位置相对于指定方向的变化值。

　　　*　　　　*　　　　*

　　以上是关于形位公差种类的说明以及历来简略、常用的文字表示法。但在 JIS B 0021 中，为了符合国际通用惯例，每个代号都规定了相应的图示代号。

　　因此，利用 JIS 图示代号的方法，可使图样更加合理、规范。

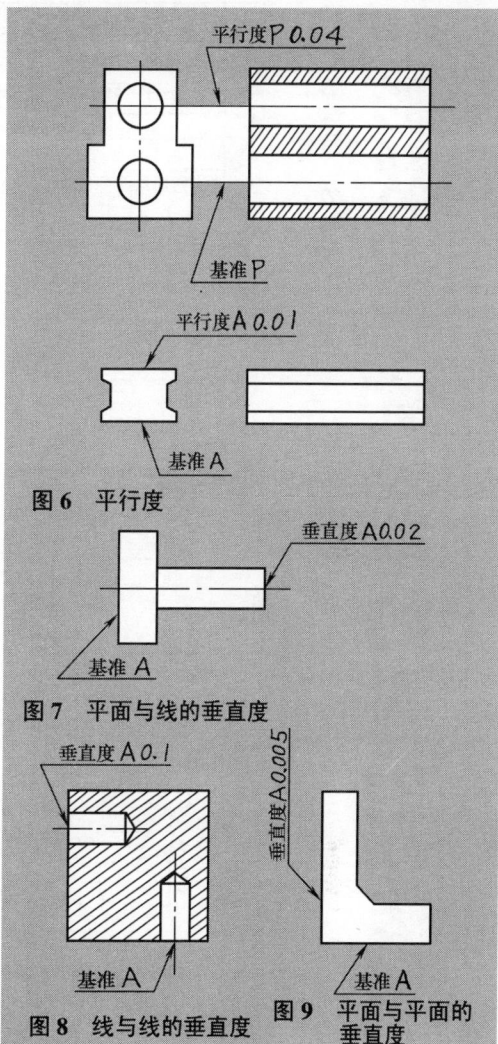

图 6　平行度

图 7　平面与线的垂直度

图 8　线与线的垂直度

图 9　平面与平面的垂直度

表 1　形状和位置公差的种类与代号

形状	直线度	—	形状	圆柱度	⌀	方向	平行度	//	位置	位置度	⊕
	平面度	▱		线轮廓度	⌒		垂直度	⊥		同轴度	◎
	圆度	○		面轮廓度	⌓		倾斜度	∠		对称度	=
										跳动	／

67

种类	表示方法	公差带	种类	表示方法	公差带
直线度 一	一定方向（三角棱） 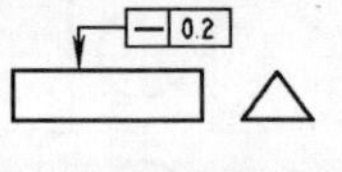 — 0.2		平行度 //	（基准直线） // ∮0.1 A	
	两方向相互垂直(长方体) 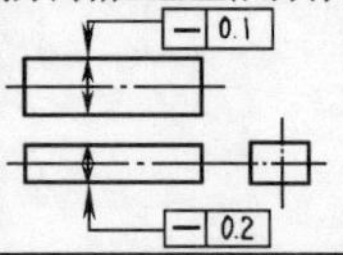 — 0.1 — 0.2			（基准平面） // 0.01	
	一般的直线度（圆柱） 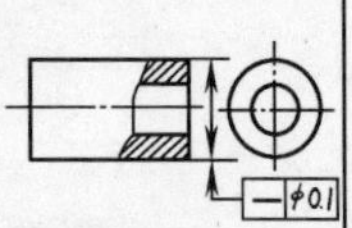 — ∮0.1			（基准平面） // 0.02/100 A	
平面度 ▱	一般的平面度 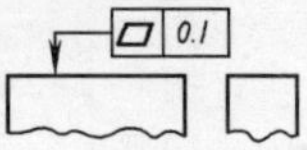 ▱ 0.1		垂直度 ⊥	（孔的轴线） 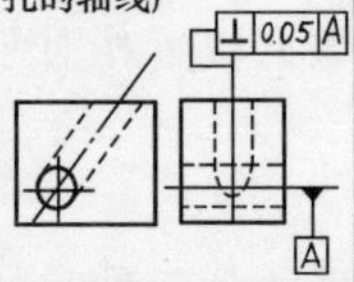 ⊥ 0.05 A	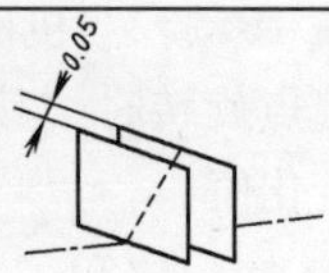
圆度 ○	（圆） ○ 0.001			（圆柱的轴线沿一定方向） 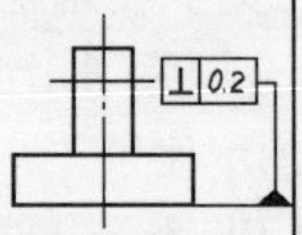 ⊥ 0.2	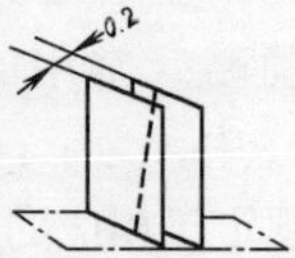
	（圆柱） ○ 0.001			（圆柱的轴线一般方向） 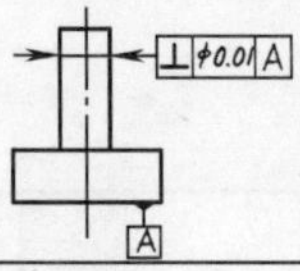 ⊥ ∮0.01 A	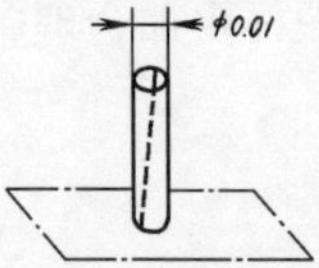
	（圆锥） ○ 0.01			（平面） ⊥ 0.03 A	
圆柱度 ⌭	⌭ 0.1				
同轴度 ◎	（圆柱） A ◎ ∮0.15 A				

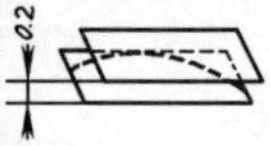

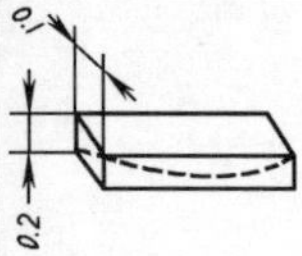

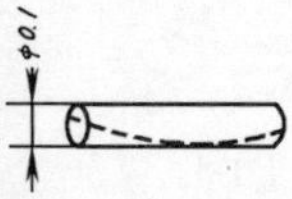

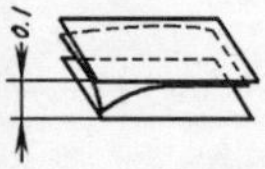

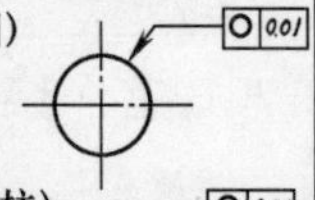

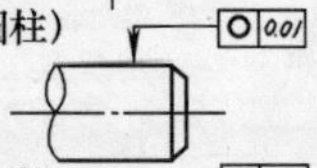

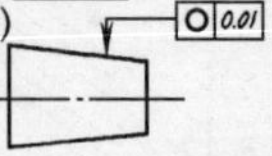

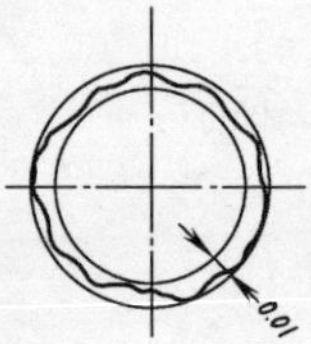

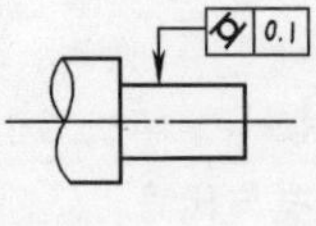

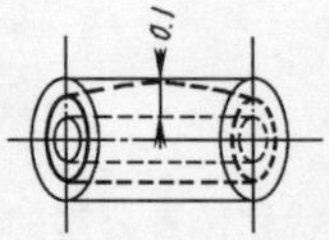

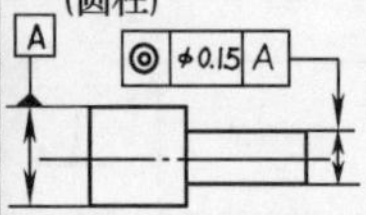

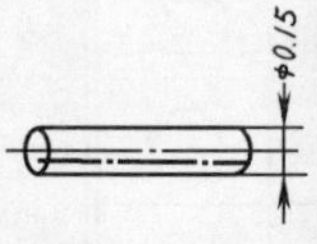

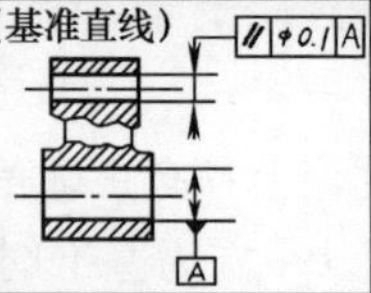

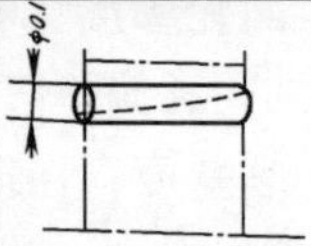

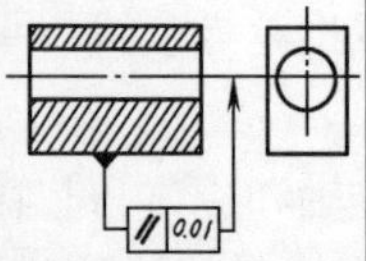

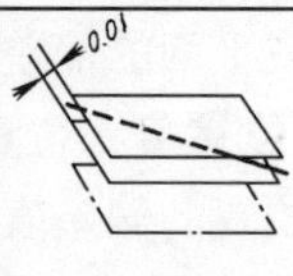

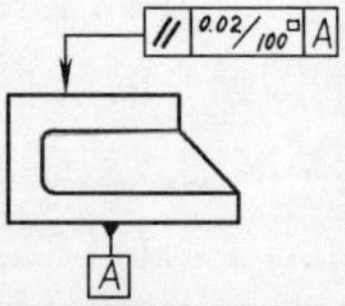

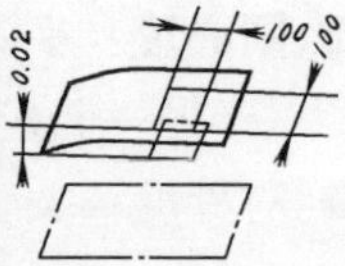

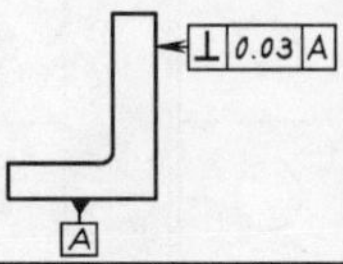

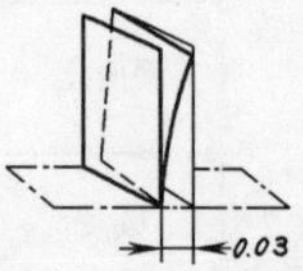

识读机械零件

螺纹、齿轮、轴承、弹簧、键、铆钉、焊接件等机械零件[⊖]在机械图样中随处可见。所以必须熟知这些机械零件的含意以及各种图样的识读方法。

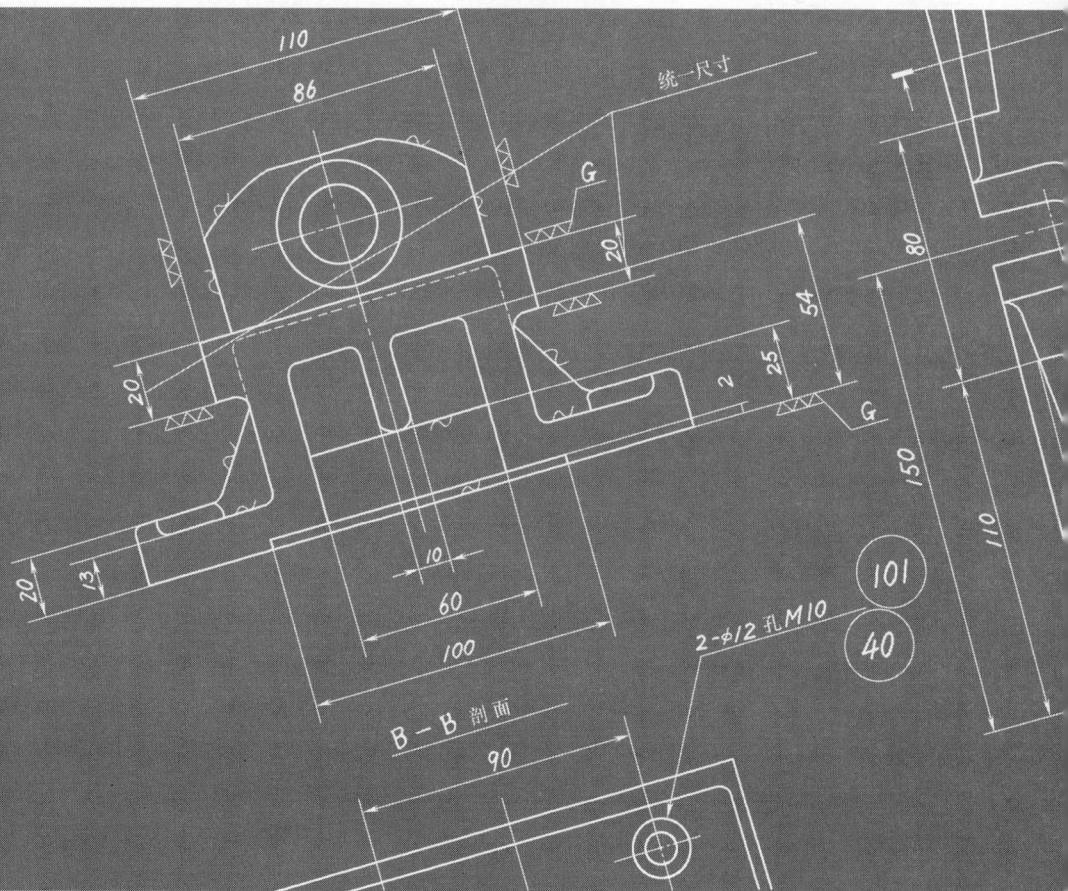

[⊖] 由于中日标准不同，本书中许多零件代号等标注与我国略有区别，请参考相关图书，不再一一注明。——译者注

螺纹的原理和各部分的名称

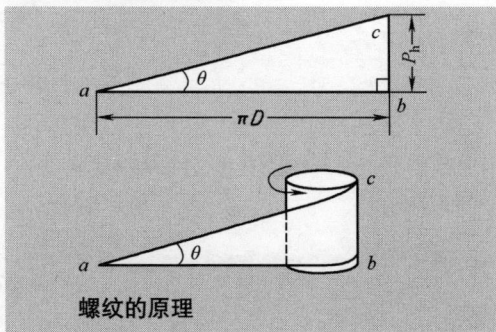

螺纹的原理

首先，要介绍一下识读螺纹图样的一些必要的基本知识。

现在把直角三角形 abc 的薄纸片卷成圆柱状，每旋转一周，三角形的斜边就会围绕圆柱形成螺旋状。如果沿着圆柱上的螺旋线挖成槽状就形成了螺纹。

● 螺旋角：形成螺旋的三角形 abc 的 $\angle cab=\theta$ 叫做螺旋角。

● 导程：螺纹沿轴每旋转一周前进的距离 P_h （bc）叫做导程。

● 线数：在圆柱上形成螺纹时沿一条螺旋线形成的螺纹称为单线螺纹；沿两条螺旋线形成的螺纹称为双线螺纹；沿三条螺旋线形成的螺纹称为三线螺纹。沿两条以上螺旋线形成的螺纹也称为多线螺纹。

● 螺距：螺纹相邻两牙在中径线上对应两点的轴向距离称为螺距，对于单线螺纹，导程与螺距相等。

● 外螺纹与内螺纹：在螺纹中，沿圆柱的外表面形成的螺纹称为外螺纹，沿孔的内表面形成的螺纹称为内螺纹。

当内外螺纹的直径、螺距以及线数一致时，才可以作为一对螺纹相互配合使用。

● 右旋螺纹与左旋螺纹：螺纹牙形沿圆柱右向（顺时针）旋转形成的螺纹称为右旋螺纹，左向（逆时针）旋转形成的螺纹称为左旋螺纹。

一般所说的螺纹都是指右旋螺纹，由于左旋螺纹使用目的的特殊性，所以如果没有特殊标注都是指右旋螺纹。对于左旋螺纹的标注，要使用"左"字在螺纹代号前进行标注[译]。

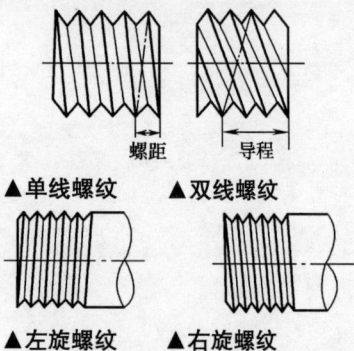

▲单线螺纹　▲双线螺纹

▲左旋螺纹　▲右旋螺纹

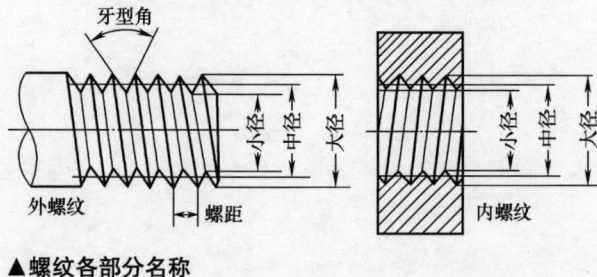

▲螺纹各部分名称

[译] 中国机械制图标准中规定，左旋螺纹在螺纹代号后标注"LH"。——译者注

螺纹的牙型和种类

螺纹的牙型

　　由于用途的不同，螺纹牙型断面的形状也不同。

● 三角形螺纹：广泛使用在零件的压紧、调节、测定等方面，一般所说的螺纹都是指三角形螺纹。

● 梯形螺纹：梯形螺纹与三角形螺纹相比牙型角相对较小，牙底相对较宽。常用于机床的进给丝杠等动力传动。

● 矩形螺纹：由于螺纹面与轴线相互垂直，与三角形螺纹相比摩擦力较小，适用于大动力的传送，但加工也更困难。而且一旦磨损，很难进行调整。

● 锯齿形螺纹：适用于单方向大动力的传送，不受力的牙型角 θ 为 30°倾斜且有间隙，受力面几乎与轴垂直，在内侧用有 3°的倾角。常用在压力机的压力主轴与起重机上。

● 圆形螺纹：螺纹的牙顶与牙底的圆度都很大的螺纹，通常使用在灯泡的灯口等滚轧零件、软管的联接部、玻璃及陶器等易碎材料上。

● 滚珠螺纹：内螺纹与外螺纹的槽间嵌有一排滚珠的螺纹称为滚珠螺纹。与一般的摩擦接触型螺纹相比，由于其摩擦系数极小，所以通常使用在数控机床的定位丝杠等精密件上。近来，滚珠螺纹很受关注。

螺纹的种类与标准形式

　　为了螺纹的使用方便和提高螺纹的互换

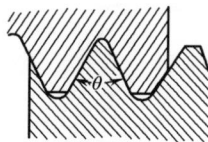

▲三角形螺纹

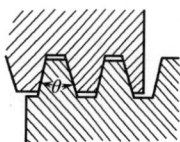

▲梯形螺纹

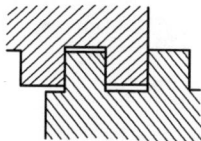

▲矩形螺纹

▲锯齿形螺纹

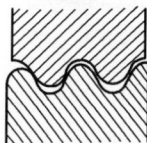

▲圆形螺纹

▲滚珠螺纹

性，JIS 中对其直径、牙型、螺距等标准形式进行了规定。

● 粗牙螺纹与细牙螺纹：三角形螺纹根据用途的不同其螺距有大小之分，分别称为粗牙螺纹和细牙螺纹。由于粗牙螺纹的直径与螺距的组合很常见，其直径与螺距的比例有相应的对应关系，所以粗牙螺纹被广泛使用在螺栓和小螺钉上。

● 米制螺纹与英制螺纹：按照尺寸单位进行区分，螺纹可分为米制螺纹与英制螺纹。米制螺纹的螺纹直径和螺距用米制尺寸单位表示，英制螺纹的螺纹直径和螺距用英制尺寸单位表示，它包括惠氏螺纹和统一螺纹。

普通螺纹

普通粗牙螺纹 (JIS B 0205)

普通粗牙螺纹用代号"M"表示。其牙型角为60°，牙顶平坦，牙底有一定的圆度。

外螺纹的斜面高度（H_1）与大径（d_1）都有规定，但对牙底的圆弧半径（r）与深度没有规定。

内螺纹的斜面高度（H_1）与小径（D_1）都有规定，但对于牙底的圆弧半径没有规定。但是需要注意的是外螺纹的牙底圆弧半径与深度是内螺纹的2倍。

普通细牙螺纹 (JIS B 0207)

基本牙型完全与普通粗牙螺纹相同，但普通细牙螺纹相对于相同的公称直径，其螺距的种类大约有1~4种，因此要同时使用代号、公称直径和螺距进行表示。

与普通粗牙螺纹相比，其螺距也相对较小。

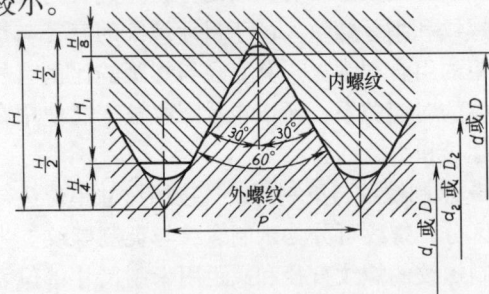

$$H = 0.866025P \qquad H_1 = 0.541266P$$
$$d_2 = d - 0.649519P \qquad d_1 = d - 1.082532P$$
$$D = d \qquad D_2 = d_2 \qquad D_1 = d_1$$

▲普通螺纹的基本牙型

▼普通粗牙螺纹的基本尺寸　　　（单位：mm）

螺纹标记	优先顺序	螺距 P	旋合高度 H_1	内螺纹		
				大径 D	中径 D_2	小径 D_1
				外螺纹		
				大径 d	中径 d_2	小径 d_1
M1	1	0.25	0.135	1.000	0.838	0.729
M1.1	2	0.25	0.135	1.600	0.938	0.829
M1.2	1	0.25	0.135	1.200	1.038	0.929
M1.4	2	0.3	0.162	1.400	1.205	1.075
M1.6	1	0.3	0.189	1.600	1.373	1.221
M1.8	2	0.35	0.189	1.800	1.573	1.421
M2	1	0.35	0.217	2.000	1.740	1.567
M2.2	2	0.45	0.244	2.200	1.908	1.713
M2.5	1	0.45	0.244	2.500	2.208	2.013
M3×0.5	1	0.5	0.271	3.000	2.675	2.459
M3.5	2	0.6	0.325	3.500	3.110	2.850
M4×0.7	1	0.7	0.379	4.000	3.545	3.242
M4.5	2	0.75	0.405	4.500	4.013	3.688
M5×0.8	1	0.8	0.433	5.000	4.480	4.134
M6	1	1	0.541	6.000	5.350	4.917
M7	3	1	0.541	7.000	6.350	5.917
M8	1	1.25	0.677	8.000	7.188	6.647
M9	3	1.25	0.677	9.000	8.188	7.647
M10	1	1.5	0.812	10.000	9.026	8.376
M11	3	1.5	0.812	11.000	10.026	9.376
M12	1	1.75	0.947	12.000	10.863	10.106
M14	2	2	1.083	14.000	12.701	11.835
M16	1	2	1.083	16.000	14.701	13.835
M18	2	2.5	1.353	18.000	16.376	15.294
M20	1	2.5	1.353	20.000	18.376	17.294
M22	2	2.5	1.353	22.000	20.376	19.294
M24	1	3	1.624	24.000	22.051	20.752
M27	2	3	1.624	27.000	25.051	23.752
M30	1	3.5	1.894	30.000	27.727	26.211
M33	2	3.5	1.894	33.000	30.727	29.211
M36	1	4	2.165	36.000	33.402	31.670
M39	2	4	2.165	39.000	36.402	34.670
M42	1	4.5	2.436	42.000	39.077	37.129
M45	2	4.5	2.436	45.000	42.077	40.129
M48	1	5	2.706	48.000	44.752	42.587
M52	2	5	2.706	52.000	48.752	46.587
M56	1	5.5	2.977	56.000	52.428	50.046
M60	2	5.5	2.977	60.000	56.428	54.046
M64	1	6	3.248	64.000	60.103	57.505
M68	2	6	3.248	68.000	64.103	61.505

统一（英制）螺纹

统一粗牙螺纹 (JIS B 0206)

使用代号"UNC"表示，属于英制螺纹，其牙型角为60°，牙顶平坦，牙底带有一定的圆度，而且与普通螺纹有相同的基本牙型。但是与普通螺纹不同的是其表示方法使用英制尺寸单位。

其公称直径使用代号 No. 与英制尺寸表示，螺距使用1in（25.4mm）螺纹所包含的牙数表示。

过去主要用在航空器上，现在开始取代惠氏螺纹被广泛使用在英制单位的机床零件上。

统一细牙螺纹

使用代号"UNF"表示，其基本牙型与统一粗牙螺纹的相同。统一细牙螺纹的螺距比粗牙螺纹的螺距小，但其种类只有一种，公称直径的大小也只规定到1.5in（统一粗牙螺纹规定到4in）。

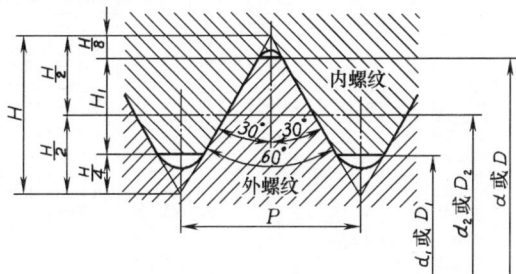

$$P = \frac{25.4}{n} \qquad H = \frac{0.866025}{n} \times 25.4 \qquad H_1 = \frac{0.541266}{n} \times 25.4$$

$$D = d \qquad D_2 = d_2 \qquad D_1 = d_1$$

▲统一螺纹的基本牙型

▼统一粗牙螺纹的基本尺寸 　　　　（单位：mm）

螺纹标记	优先顺序	螺距 P	螺纹牙数(25.4mm内) n	旋合高度 H_1	内螺纹		
					大径 D	中径 D_2	小径 D_1
					外螺纹		
					大径 d	中径 d_2	小径 d_1
No. 1-64UNC	2	64	0.3969	0.215	1.854	1.598	1.425
No. 2-56UNC	2	56	0.4536	0.246	2.184	1.890	1.694
No. 3-48UNC	2	48	0.5292	0.286	2.515	2.172	1.941
No. 4-40UNC	1	40	0.6350	0.344	2.845	2.433	2.156
No. 5-40UNC	1	40	0.6350	0.344	3.175	2.761	2.487
No. 6-32UNC	1	32	0.7938	0.430	3.505	2.990	2.647
No. 8-32UNC	1	32	0.7938	0.430	4.166	3.650	3.307
No. 10-24UNC	1	24	1.0583	0.573	4.826	4.138	3.680
No. 12-24UNC	1	24	1.0583	0.573	5.486	4.798	4.341
¼-20UNC	1	20	1.2700	0.687	6.350	5.524	4.976
⁵⁄₁₆-18UNC	1	18	1.4111	0.764	7.938	7.021	6.411
⅜-16UNC	1	16	1.5875	0.859	9.525	8.494	7.805
⁷⁄₁₆-14UNC	1	14	1.8143	0.982	11.112	9.934	9.149
½-13UNC	1	13	1.9538	1.058	12.700	11.430	10.584
⁹⁄₁₆-12UNC	1	12	2.1167	1.146	14.288	12.913	11.996
⅝-11UNC	1	11	2.3091	1.250	15.875	14.376	13.376
¾-10UNC	1	10	2.5400	1.375	19.050	17.399	16.299
⅞-9UNC	1	9	2.8222	1.528	22.225	20.391	19.169
1-8UNC	1	8	3.1750	1.719	25.400	23.338	21.963
1⅛-7UNC	1	7	3.6286	1.964	28.575	26.218	24.648
1¼-7UNC	1	7	3.6286	1.964	31.750	29.393	27.823
1⅜-6UNC	1	6	4.2333	2.291	34.925	32.174	30.343
1½-6UNC	1	6	4.2333	2.291	38.100	35.349	33.518
1¾-5UNC	1	5	5.0800	2.750	44.450	41.151	33.951
2-4½UNC	1	4½	5.6444	3.055	50.800	47.135	44.689
2¼-4½UNC	1	4½	5.6444	3.055	57.150	53.485	51.039
2½-4UNC	1	4	6.3500	3.437	63.500	59.375	56.627
2¾-4UNC	1	4	6.3500	3.437	69.850	65.725	62.977
3-4UNC	1	4	6.3500	3.437	76.200	72.075	69.327
3¼-4UNC	1	4	6.3500	3.437	82.550	78.425	75.677
3½-4UNC	1	4	6.3500	3.437	88.900	84.775	82.027
3¾-4UNC	1	4	6.3500	3.437	95.250	91.125	88.377
4-4UNC	1	4	6.3500	3.437	101.600	97.475	94.727

$$d_2 = \left(d - \frac{0.649519}{n}\right) \times 25.4 \qquad d_1 = \left(d - \frac{1.082532}{n}\right) \times 25.4$$

惠氏（英制）螺纹

惠氏粗牙螺纹

使用代号"M"表示。在 1965 年以前 JIS 中对此有相关规定，后来就废止了。但是由于历来广泛使用，以至于人们说起英制螺纹就会认为是惠氏螺纹，即使现在提到 4 分螺栓、5 分螺栓还使人倍感亲切，而且使用惠氏螺纹的地方也不少。但统一（英制）螺纹将是今后英制螺纹的应用趋势。

其牙型角的角度为 55°，牙顶与牙底都有一定的圆度。但是由于加工的关系，牙顶可以有一定的圆度也可以是平的。其牙顶、牙底圆弧半径 r 和深度都有相关规定，而且基本牙型上的所有相关尺寸也都是一定的。公称直径用英寸表示，螺距是用 1in 所包含的牙数表示。

惠氏细牙螺纹

其基本牙型与惠氏粗牙螺纹相同，但表

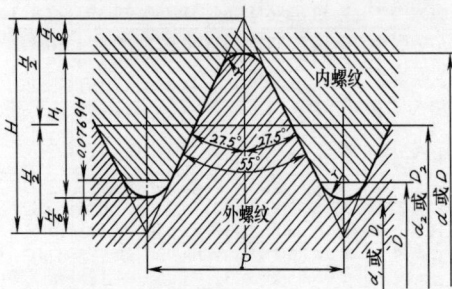

$$P=\frac{25.4}{n} \qquad H=0.9605P \qquad H_1=0.6403P \qquad r=0.1373P$$
$$D_1=d_1+2\times0.0769H \qquad d_2=d-H_1 \qquad d_1=d-2H_1$$
$$D=d \qquad D_2=d_2 \qquad D_1=d_1$$

▲惠氏粗牙螺纹的基本牙型

74

示方法却不一样。其公称直径用 mm（毫米）表示，螺距通过 1in 所包含的牙数表示。

细牙螺纹的种类有细牙螺纹 1 号与细牙螺纹 2 号，相对于相同的公称直径，其螺距的种类有两种。

▼惠氏粗牙螺纹的基本尺寸 （单位：mm）

标记 / in	螺纹牙数（25.4mm内）n	螺距 P	外螺纹牙高 H_1	外螺纹牙底圆弧半径 r	外螺纹		
					大径 d	中径 d_2	小径 d_1
					内螺纹		
					大径 D	中径 D_2	小径 D_1
(W¼)	20	1.2700	0.813	0.174	6.350	5.537	4.724
(W⁵⁄₁₆)	18	1.4111	0.904	0.193	7.938	7.034	6.130
W⅜	16	1.5875	1.016	0.218	9.525	8.509	7.493
W⁷⁄₁₆	14	1.8143	1.162	0.249	11.112	9.950	8.788
W½	12	2.1167	1.355	0.291	12.700	11.345	9.990
(W⁹⁄₁₆)	12	2.1167	1.355	0.291	14.288	12.933	11.578
W⅝	11	2.3091	1.479	0.317	15.875	14.396	12.917
W¾	10	2.5400	1.626	0.349	19.050	17.424	15.798
W⅞	9	2.8222	1.807	0.387	22.225	20.418	18.611
W1	8	3.1750	2.033	0.436	25.400	23.367	21.334
W1⅛	7	3.6286	2.323	0.498	28.575	26.252	23.929
W1¼	7	3.6286	2.323	0.498	31.750	29.427	27.104
W1⅜	6	4.2333	2.711	0.581	34.925	32.214	29.503
W1½	6	4.2333	2.711	0.581	38.100	35.389	32.678
W1⅝	5	5.0800	3.253	0.697	41.275	38.022	34.769
W1¾	5	5.0800	3.253	0.697	44.450	41.197	37.944
W1⅞	4½	5.6444	3.614	0.775	47.625	44.011	40.397
W2	4½	5.6444	3.614	0.775	50.800	47.186	43.572
W2¼	4	6.3500	4.066	0.872	57.150	53.084	49.018
W2½	4	6.3500	4.066	0.872	63.500	59.434	55.368
W2¾	3½	7.2571	4.647	0.996	69.850	65.203	60.556
W3	3½	7.2571	4.647	0.996	76.200	71.553	66.906
W3¼	3¼	7.8154	5.004	1.073	82.550	77.546	72.542
W3½	3¼	7.8154	5.004	1.073	88.900	83.896	78.892
W3¾	3	8.4667	5.421	1.162	95.250	89.829	84.403
(W4¼)	3	8.4667	5.421	1.162	101.600	96.179	90.758
(W4½)	2⅞	8.8348	5.657	1.213	107.950	102.293	96.636
(W4¾)	2⅞	8.8348	5.657	1.213	114.300	108.643	102.986
(W4)	2¾	9.2364	5.914	1.268	120.650	114.736	108.822
W5	2¾	9.2364	5.914	1.268	127.000	121.086	115.172
(W5¼)	2⅝	9.6762	6.196	1.329	133.350	127.154	120.958
(W5½)	2⅝	9.6762	6.196	1.329	139.700	133.504	127.308
(W5¾)	2½	10.1600	6.505	1.395	146.050	139.545	133.040
W6	2½	10.1600	6.505	1.395	152.400	145.895	139.390

管螺纹

管螺纹有两种，一种是用在管道零件、流体器械上，用于机械性联接的圆柱管螺纹；另一种是利用螺纹进行密封的圆锥管螺纹。

关于管螺纹的新规定是在 1966 年将 ISO 关于管螺纹的规定引入到 JIS 后形成的，根据使用目的的不同，管螺纹的表示方法也有明显区别。

圆柱管螺纹 （JIS B 0202）

圆柱管螺纹的种类分为，圆柱外螺纹和圆柱内螺纹。

按照中径尺寸公差的大小，其精度等级分为 A 级和 B 级，B 级的公差是 A 级的 2 倍。其代号是"PF"（中国为 G），基本牙型以惠氏螺纹为标准。

圆锥管螺纹 （JIS B 0203）

圆锥管螺纹的种类分为，圆锥外螺纹、圆锥内螺纹和圆柱内螺纹三种。

圆锥管螺纹的公差等级没有特别规定。圆锥外螺纹、圆锥内螺纹的代号用"PT"（中国为 R_1、R_2 或 R_c）表示，圆柱内螺纹的代号用"PS"（中国为 R_p）表示。

在这里必须注意的是 JIS B 0202 中规定的圆柱内螺纹的代号"PF"与 JIS B 0203 中规定的圆柱内螺纹的代号"PS"不是同一螺纹，因为它们的尺寸公差是不同的。

管螺纹的种类有很多种，但其内螺纹与外螺纹的配合种类必须使用以下三组。

圆柱外螺纹（PF，中国为 G）与圆柱内螺纹（PF，中国为 G）

圆锥外螺纹（PT，中国为 R_2）与圆锥内螺纹（PT，中国为 R_c）

圆锥外螺纹（PT，中国为 R_1）与圆柱内螺纹（PS，中国为 R_p）

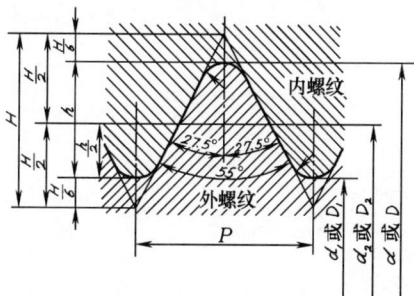

$$P=\frac{25.4}{n} \qquad H=0.960491P \qquad h=0.640327P$$
$$r=0.137329P \qquad d_2=d-h \qquad d_1=d-2h$$
$$D_2=d_2 \qquad D_1=d_1$$

▲圆柱管螺纹的基本牙型

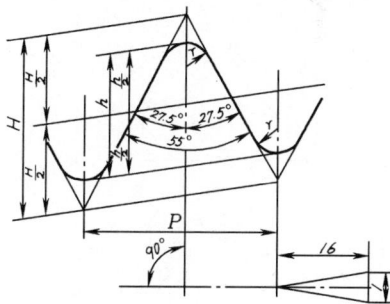

$$P=\frac{25.4}{n}$$
$$H=0.960237P \qquad h=0.640327P$$
$$r=0.1373278P$$

▲圆锥管螺纹的基本牙型

75

梯形螺纹

梯形螺纹有两种，一种是用米制表示的30°梯形螺纹，另一种是用英寸表示的29°梯形螺纹。

● **30°梯形螺纹**

其牙型角的角度为30°，代号用"TM"（我国为Tr）表示。JIS中规定公称直径和螺距的表示要使用毫米单位，其范围分别是10~300mm 和 2~24mm。

● **29°梯形螺纹**

其牙型角的角度为29°，代号用"TW"表示。JIS中规定公称直径用毫米为单位表示，其范围是 10~100mm；螺距用1in包含的牙数表示，其范围是 2~12牙。

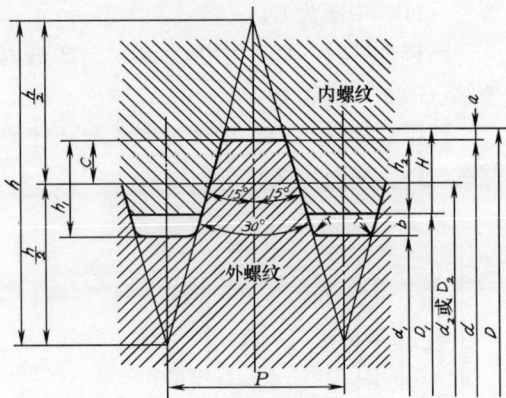

$h = 1.866P \qquad c = 0.25P$

$h_1 = 2c + a \qquad h_2 = 2c + a - b \qquad H = 2c + 2a - b$

$d_2 = d - 2c \qquad d_1 = d - 2h_1$

$D = d + 2a \qquad D_2 = d_2 \qquad D_1 = d_1 + 2b$

间隙 $a = 0.25(P2\sim12),\ 0.50(P16\sim24)$

间隙 $b = 0.50(P2\sim4),\ 0.75(P5\sim12),\ 1.50(P16\sim24)$

外螺纹牙底圆度 $r = 0.25(P2\sim12),\ 0.50(P16\sim24)$

▲**30°梯形螺纹的基本牙型**

小螺纹

其代号用"S"表示，牙型角的角度为60°，米制公称直径的范围为 0.3~1.4mm，是一种非常小的螺纹。

与其他普通螺纹的基本牙型相比，它们的中径尺寸相同，但其小径尺寸相对较大。

这种小螺纹，在钟表、光学仪器、电子器械使用很方便。但毕竟是公称直径为1~1.4mm 的小螺纹，除了用在有局限的特殊场合，其他一般情况下通常使用普通粗牙螺纹。

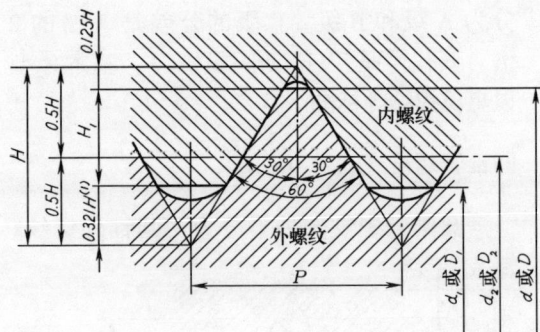

$H = 0.866025P$

$H_1 = 0.48P$

$d_2 = d - 0.649519P$

$d_1 = d - 0.96P$

$D = d$

$D_2 = d_2$

$D_1 = d_1$

▲**小螺纹的基本牙型**

螺纹的简化画法

如果将螺纹完全按照实物的形状画出来，不仅浪费工夫，而且加工者也难以识读。所以其图样一般使用简化画法。

● **外螺纹的简化画法**

外螺纹的牙顶（大径）用粗实线，牙底用细实线，螺尾部分的牙底使用倾斜的细实线，完整牙型部分与螺尾部分的界线与外形线一样使用粗实线。

● **内螺纹的简化画法**

内螺纹的小径使用粗实线，牙底使用细实线，螺尾部分及其界线与外螺纹的相同。

不可见的螺纹用虚线表示，虚线的线宽一般与牙顶、牙底的线宽相同，但牙底也有使用细虚线的。由于内螺纹图形非常小，当螺尾部分难以表示时，有时可以省略不画。

● **外螺纹与内螺纹的配合简化画法**

外螺纹与内螺纹配合时的剖视图，外螺纹的旋入部分使用外螺纹的画法，只有内螺纹的部分才使用内螺纹的画法。而且在简图中，螺尾部分通常省略不画。

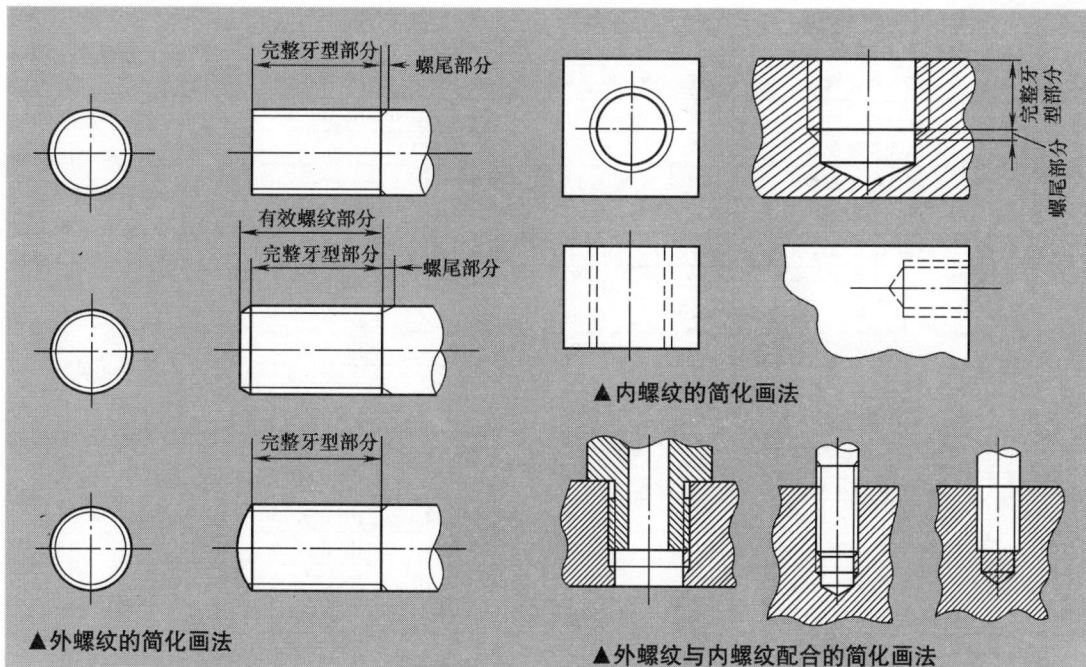

▲外螺纹的简化画法

▲内螺纹的简化画法

▲外螺纹与内螺纹配合的简化画法

螺纹的标记方法

　　JIS B 0123 中规定螺纹的标记应遵照以下顺序。但当螺纹的旋向为右旋、螺纹的线数为单线、螺纹的等级不必要时可以将其内容省略。

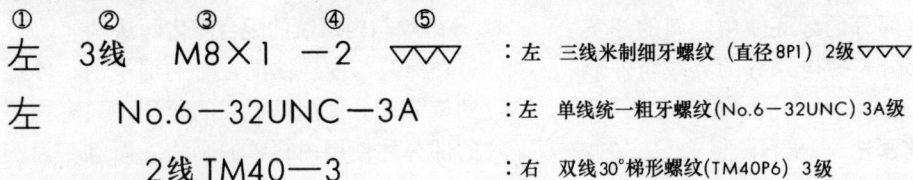

①	②	③	④	⑤
螺纹旋向	螺纹线数	螺纹代号	螺纹等级	加工符号

```
 ①    ②      ③          ④      ⑤
 左   3线    M8×1      －2    ▽▽▽   ：左  三线米制细牙螺纹（直径8PI）2级 ▽▽▽

 左         No.6－32UNC－3A         ：左  单线统一粗牙螺纹（No.6－32UNC）3A级

       2线  TM40－3                 ：右  双线30°梯形螺纹（TM40P6）3级
```

▼螺纹的种类与标记

用途区别	螺纹种类		代号	螺纹称呼	示例	相关规格
一般机械零件	普通粗牙螺纹		M	M径	M6	JIS B 0205
	普通细牙螺纹		M	M径×P	M10×1	JIS B 0207
	小螺纹		S	S径	S0.4	JIS B 0201
	统一粗牙螺纹		UNC	径-牙数-UNC	⁵⁄₁₆-18UNC	JIS B 0206
	统一细牙螺纹		UNF	径-牙数-UNF	No.2-64UNF	JIS B 0208
	惠氏粗牙螺纹		W	W径牙牙数	W½牙 12	
	惠氏细牙螺纹		W	W径牙牙数	W16 牙 14	
	30°梯形螺纹		TM	TM径	TM20	JIS B 0221
	29°梯形螺纹		TW	TW径	TW36	JIS B 0222
	圆锥管螺纹	圆锥外螺纹	PT	PT径	PT¾	JIS B 0203
		圆柱内螺纹	PS	PS径	PS¼	JIS B 0203
	圆柱管螺纹		PF	PF径	PF1½	JIS B 0202
特殊用途	锯齿形螺纹		B	B径	B45	
	灯泡用螺纹		E	E径	E10	JIS C 7709
	缝纫机用螺纹		SM	SM径牙牙数	SM⅛牙 44	JIS B 0026
	薄钢穿线管螺纹		C	C径	C28	JIS B 0004
	自行车用螺纹	一般用	BC	BC径	BC2.6	JIS B 0025
		辐条用	BC	BC径	BC⅗	JIS B 0025
	自行车轮胎气阀螺纹		TV	TV径	TV10	JIS D 4408
	自行车轮胎气阀螺纹		CTV	CTV径牙牙数	CTV5牙 24	JIS D 9.922

备注：

1. 螺纹标记栏中的径指的是"表示螺纹直径的数字"，但在统一螺纹中它指的是"表示螺纹直径的数字或序号"。牙数指的是"1in（英寸）所包含的牙数"。

2. 为了明确表示螺纹是细牙螺纹，有时会标注文字（细牙）。
例如：M10×1（细牙）。

3. UNC 是 Unified National Coarse 的缩写，UNF 是 Unified National Fine 的缩写。

78

●螺纹的标记：是表示螺纹种类的代号，一般由螺纹的直径及螺距构成，但根据螺纹种类的不同其表示方法也会有差异。

●螺纹的等级：根据螺纹尺寸极限偏差的大小，将螺纹分为不同的等级。

米制螺纹的等级分为 1 级、2 级、3 级、4 级，级数越大表面粗糙度也越大，统一外螺纹的等级分为 3A 级、2A 级、1A 级三种，内螺纹分为 3B 级、2B 级、1B 级三种，等级数字越小表面粗糙度越大。

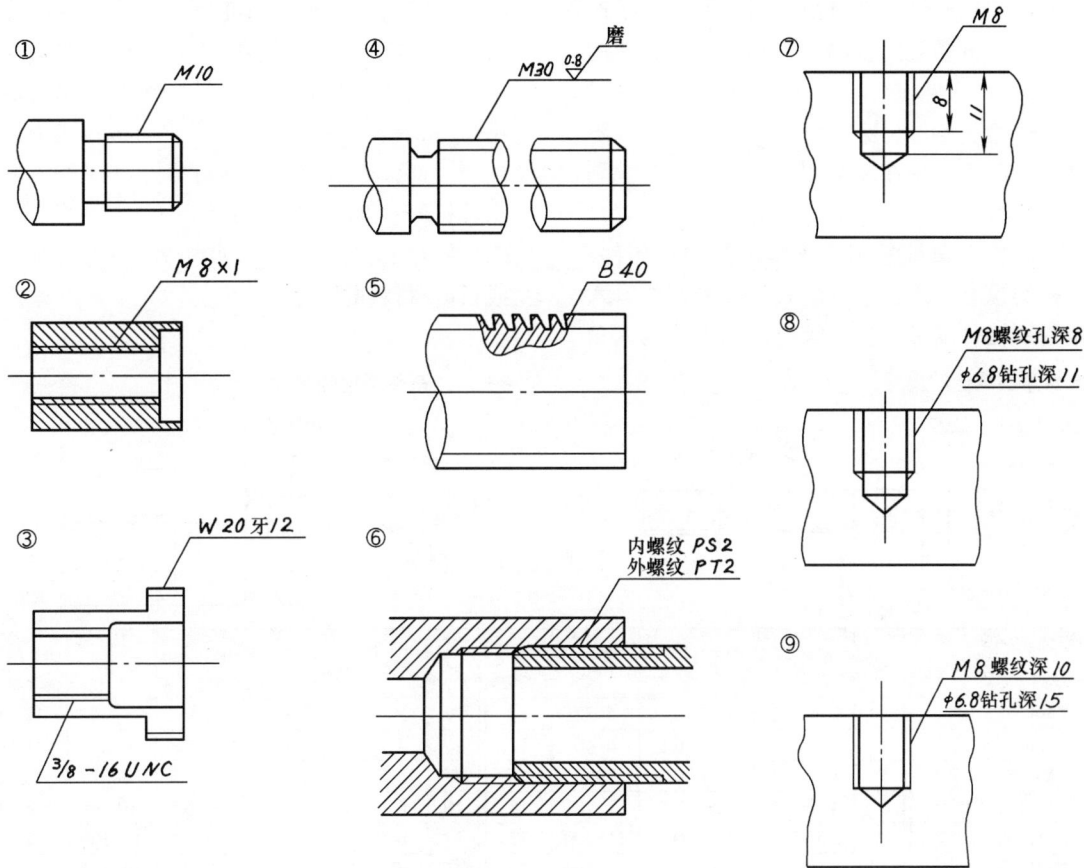

① M10

② M8×1

③ W20牙12

3/8 - 16 UNC

④ M30 0.8 磨

⑤ B40

⑥ 内螺纹 PS2
外螺纹 PT2

⑦ M8

⑧ M8螺纹孔深8
φ6.8钻孔深11

⑨ M8 螺纹深10
φ6.8钻孔深15

▲螺纹的示例图：①~④是螺纹深度的外螺纹及内螺纹的示例图。⑤是锯齿形螺纹，由于其形状不对称，所以这是局部纵向剖面图（背平面）。⑥是圆锥形管螺纹的外螺纹与内螺纹的连接图。⑦~⑨是不穿通螺孔的示例图。为了明确表示螺纹，有时会标注上文字"螺纹"。

螺栓·螺母

机械零件中常用的外螺纹与内螺纹等零件，作为 JIS 标准中规定的具有统一尺寸与互换性的标准件，都是由专门工厂批量生产后投放到市场上出售的，因此不会在一般的工厂中单个地制造。

螺栓、螺母、小螺钉、止动螺钉、木螺钉等一般都出现在装配图中，一般不单独画出零件图。

螺栓与螺母常用于压紧机器的零部件，其种类也有很多，常见的具有代表性的有六角头螺栓、螺母，方头螺栓、螺母，内六角头螺栓等。

一般六角头螺栓的加工精度分为精密级、中级、普通级，螺纹精度分为 1 级、2 级、3 级，力学性能代号使用 "OT" 与 "4T" 表示。代号 OT、4T 的 T 是拉伸强度（Tensile strength）的开头字母，OT 并没有规定其力学性能，而仅表示螺栓是钢制螺栓，4T 的 4 表示其拉伸强度在 40kgf/mm^2[⊖]以上。

螺栓的标记要遵循种类·等级·螺纹标记或长度·材料的顺序。

▼六角头螺栓的尺寸

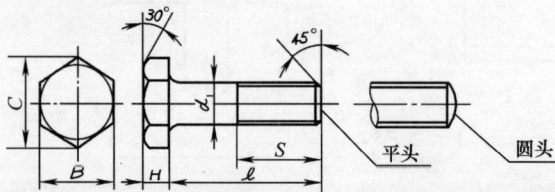

▼内六角头螺栓的尺寸

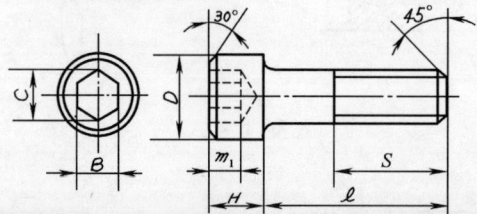

螺纹标记 d	螺距 P	d_1	H	B	C（约）	r（最大）	l	S（l≤125）	D	H	B	C（约）	m_1（最小）	r（约）	l	S（l≤125）
M3	0.5	3	2	5.5	6.4	0.2	5~32	12	5.5	3	2.5	2.9	1.6	0.2	4~20	12
M4	0.7	4	2.8	7	8.1	0.3	6~40	14	7	4	3	3.6	2.2	0.3	4~25	14
M5	0.8	5	3.5	8	9.2	0.3	7~50	16	8.5	5	4	4.7	2.5	0.3	8~32	16
M6	1	6	4	10	11.5	0.5	7~70	18	10	6	5	5.9	3	0.5	10~50	18
M8	1.25	8	5.5	13	15	0.5	11~100	22	13	8	6	7	4	0.5	12~100	22
M10	1.5	10	7	17	19.6	0.8	14~100	26	16	10	8	9.4	5	0.8	14~125	26
M12	1.75	12	8	19	21.9	0.8	18~140	30	18	12	10	11.7	6	0.8	18~125	30
M14	2	14	9	22	25.4	0.8	20~140	34	21	14	12	14	7	0.8	20~160	34
M16	2	16	10	24	27.7	1.2	22~140	38	24	16	14	16.3	8	1.2	25~160	38
M20	2.5	20	13	30	34.6	1.2	28~200	46	30	20	17	19.8	10	1.2	35~180	46
M24	3	24	15	36	41.6	1.6	30~200	54	36	24	19	22.1	12	1.6	50~180	54

⊖　1kgf/mm^2=10MPa，1kgf=10N。

【例】六角头螺栓·粗牙·3 级·M6·OT

由于内六角头螺栓使用方便，所以得到广泛应用。

其材料为 SCM3 或 SNCM6，一般要进行表面处理。螺纹精度为粗牙普通螺纹 2 级，要进行淬火、回火，使硬度达到 HRC34~44。

内六角的底座形状分为平底、圆底、圆锥底。

【例】内六角头螺栓·M8×1·SCM3·平底根据使用目的的不同，螺栓有很多种。

●螺栓：穿过零件，通过螺栓、螺母来达到紧固零件的目的。

●紧固螺钉：不使用螺母，通过旋入螺钉来紧固零件。

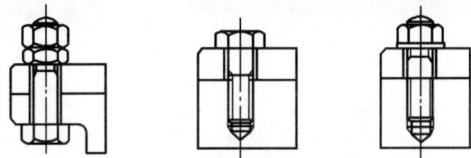

▲螺栓　　　▲紧固螺钉　　　▲双头螺柱

●双头螺柱：双头螺柱的两头都有螺纹，一头旋入零件，另一头拧上螺母，通过压紧螺母来达到紧固零件的目的。

螺母的标记以螺栓为基准。

【例】六角头螺母·2 级·中·3 级·M8·4T

▼螺母的尺寸

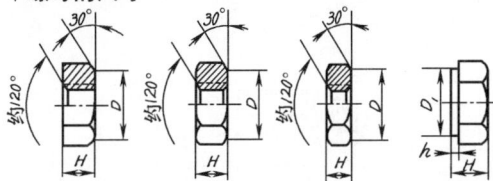

1 种　　　2 种　　　3 种　　　4 种

螺纹标记 d	H	H_1	B	C (约)	D (约)	D_1 (最小)	h (约)
M3	2.4	1.8	4.5	6.4	5.3	—	—
M4	3.2	2.4	7	8.1	6.8	—	—
M5	4	3.2	8	9.2	7.8	7.2	0.4
M6	5	3.6	10	11.5	9.8	9	0.4
M8	6.5	5	13	15	12.5	11.7	0.4
M10	8	6	17	19.6	16.5	15.8	0.4
M12	10	7	19	21.9	18	17.6	0.6
M14	11	8	22	25.4	21	20.4	0.6
M16	13	10	24	27.7	23	22.3	0.6
M20	16	12	30	34.6	29	28.5	0.6
M24	19	14	36	41.6	34	34.2	0.6

▼平垫圈的尺寸

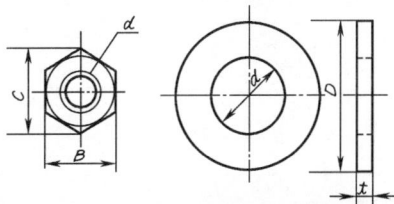

d	D	t
3.2	6	0.5
4.3	8	0.8
5.3	10	1.0
6.4	11.5	1.6
8.4	15.5	1.6
10.5	18	2
13	21	2.5
15	24	2.5
17	28	3
21	34	3
25	39	4

小螺钉·止动螺钉

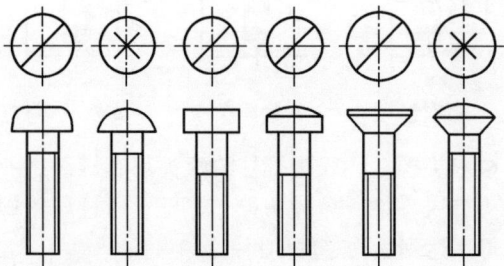

▲小螺钉·从左向右为盘头、圆头、平头、圆柱头、沉头、半沉头

▼开槽小螺钉的尺寸

● 小螺钉

小螺钉是大径在 8mm 以下的带头外螺纹，通过钉头以下的部分来紧固零件。根据钉头的形状可分为盘头小螺钉、圆头小螺钉、平头小螺钉、圆柱头小螺钉、沉头小螺钉、半沉头小螺钉。

这些小螺钉通过旋转钉头部分的直槽或十字槽来达到紧固零件的目的。

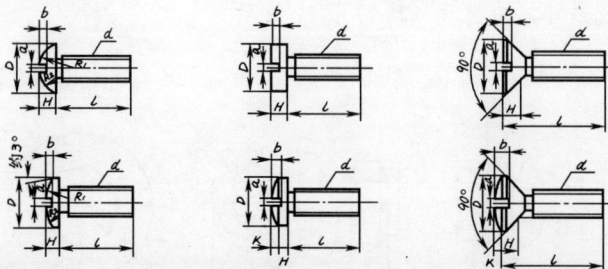

螺纹标记 d	螺距 P	开槽	D		H				b					R_1 (约)		R_2 (约)		K (约)		l
			圆头 盘头 平头 圆柱头	沉头 半沉头	圆头	盘头 平头	圆柱头	沉头 半沉头	圆头	盘头 平头	圆柱头	沉头	半沉头	圆头	盘头	圆头	盘头	圆柱头	半沉头	
M1	0.25	0.32	2	2	0.8	0.65	0.55	0.6	0.45	0.3	0.4	0.25	0.35	1.2	3	0.7	0.3	0.2	0.2	3~6
M1.2	0.25	0.32	2.3	2.4	0.9	0.8	0.65	0.7	0.5	0.4	0.5	0.3	0.45	1.4	3.5	0.8	0.4	0.25	0.3	3~6
M1.4	0.3	0.32	2.6	2.8	1	0.9	0.7	0.85	0.6	0.5	0.55	0.4	0.5	1.6	3.7	0.9	0.5	0.3	0.3	3~8
M1.7	0.35	0.4	3.2	3.4	1.2	1.1	0.85	1	0.7	0.6	0.7	0.4	0.6	1.9	4.2	1.1	0.6	0.4	0.4	4~20
M2	0.4	0.6	3.5	4	1.3	1.3	1	1.2	0.8	0.7	0.8	0.5	0.7	2.1	4.5	1.2	0.7	0.4	0.4	4~20
M2.3	0.4	0.6	4	4.6	1.5	1.5	1.15	1.35	0.9	0.8	0.9	0.5	0.8	2.4	5	1.3	0.8	0.5	0.5	5~32
M2.6	0.45	0.8	4.5	5.2	1.7	1.7	1.3	1.5	1	0.9	1	0.6	0.9	2.7	6	1.5	0.9	0.6	0.6	5~32
M3	0.5	0.8	5.5	6	2	2	1.5	1.75	1.2	1.1	1.2	0.7	1.1	3.3	7	1.8	1.1	0.7	0.7	5~40
M4	0.7	1	7	8	2.6	2.6	1.9	2.3	1.6	1.4	1.55	0.9	1.4	4.2	9	2.3	1.5	1	0.9	6~50
M5	0.8	1.2	9	10	3.4	3.3	2.4	2.8	2.1	1.8	1.9	1.1	1.7	5.4	12	3	1.9	1.2	1.2	8~50
M6	1	1.2	10.5	12	4	3.9	2.8	3.4	2.5	2.1	2.3	1.4	2.1	6.3	14	3.5	2	1.5	1.4	8~50
M8	1.25	1.6	14	16	5.4	5.2	3.7	4.4	3.3	2.8	3	1.8	2.7	8.4	16	4.6	3	1.6	1.8	10~63

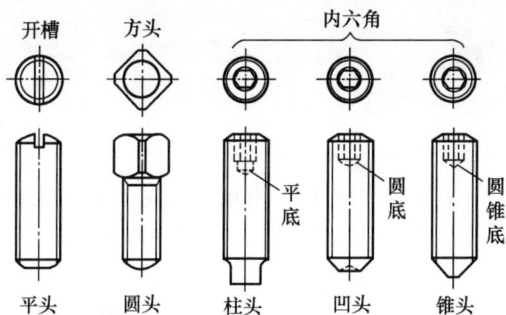

开槽　方头　　内六角

平底　圆底　圆锥底

平头　圆头　柱头　凹头　锥头

▲止动螺钉的种类

件间止转、防滑的小螺钉的一种。端部的形状分为平头、柱头、凹头、锥头，头部通过开槽、内六角、方头等进行拧紧。木螺钉是旋入木材里的一种螺钉，其端部起钻头和丝锥的作用。

▶木螺钉

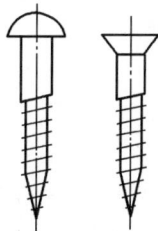

●止动螺钉

止动螺钉是利用螺纹的端部，在两个零

▼小螺钉及螺栓孔径、锪孔径、大孔径、锪锥孔、锪孔

小螺钉与螺栓孔径·锪孔径·底孔径	沉头、半沉头用锪锥孔	平头小螺栓用锪孔

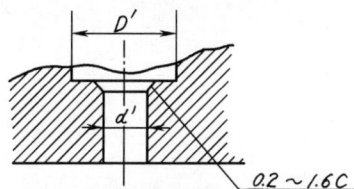

0.2~1.6C

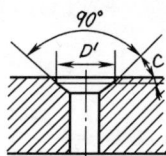

90°

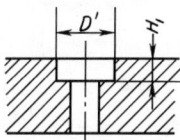

螺纹标记	螺距 P	螺栓孔径 d'			锪孔径 D'	内螺纹小径最小	底孔径 85%	底孔钻	沉头直径 D'	D'的极限偏差	C（约）	锪孔径 D'	D'的极限偏差	深度 H₁
		1级	2级	3级										
M1	0.25	1.1	1.2	1.4	3	0.70	0.77	0.75						
M1.2	0.25	1.3	1.4	1.6	4	0.90	0.97	0.95						
M1.4	0.3	1.5	1.6	1.8	4	1.04	1.12	1.10	2.8	+0.2 0	0.15	2.8	+0.2 0	1.0
M1.7	0.35	1.8	2	2.2	5	1.29	1.38	1.40	3		0.15	3.2		1.0
M2	0.4	2.2	2.4	2.6	5	1.53	1.63	1.60	4		0.2	3.8		1.4
M2.3	0.4	2.5	2.6	2.8	7	1.83	1.93	1.90	—	—	0.2	—		—
M2.6	0.5	2.8	3	3.2	8	2.07	2.19	2.20	5.2	+0.25 0	0.2	5	+0.25 0	1.9
M3	0.6	3.2	3.4	3.6	9	2.46	2.54	2.50	6		0.2	6		2.2
M4	0.7	4.3	4.5	4.8	11	3.24	3.36	3.40	8		0.25	7.6		2.8
M5	0.8	5.3	5.5	5.8	13	4.13	4.26	4.30	10		0.3	9.7		3.6
M6	1	6.4	6.6	7	15	4.92	5.08	5.10	12	+0.3 0	0.4	11.3	+0.3 0	4.2
M8	1.25	8.4	9	10	20	6.65	6.85	6.90				15.0		5.6
M10	1.5	10.5	11	12	24	8.38	8.62	8.60						
M12	1.75	13	14	15	28	10.11	10.4	10.40						
M14	2	15	16	17	32	11.84	12.2	12.20						
M16	2	17	18	19	35	13.84	14.2	14.20						
M20	2.5	21	22	24	43	17.29	17.7	17.70						
M24	3	25	26	28	50	20.75	21.2	21.20						

备注：底孔径 85% 指的是旋合率。

$$旋合率 = \frac{外螺纹大径 - 底孔径}{2 \times [基准旋合高度\ (H_1)]} \times 100\%$$

$$= \frac{d - 底孔径}{2 \times 0.541266P} \times 100\%$$

齿轮 齿轮的构成

齿轮和螺纹一样，在机械零件中起着特别重要的作用，而且其形状也很复杂。把两个圆盘的外围接触面按照一定的条件制成凸凹有致的齿状，使两者啮合旋转，就可以实现无滑动的动力传输。

齿形的种类

齿形可分为渐开线齿形和摆线齿形，JIS 中规定的是渐开线齿形。从理论上来说是摆线齿形好，但由于渐开线齿形加工便利、互换性好及其良好的啮合性，得到了广泛的使用。

模数使用代号 m（mm）表示，是分度圆直径 d（mm）除以齿数 z 所得的数值。

模数 m＝分度圆直径 d /齿数 z

JIS 中规定模数的范围为 0.1~25mm，模数的值越大齿形也越大。

齿距 p（in）是模数的倒数，以英寸表示齿形的大小，表示的是分度圆直径每英寸的齿数。

齿距 p＝z/d

齿距是分度圆上，相邻两齿对应点间的

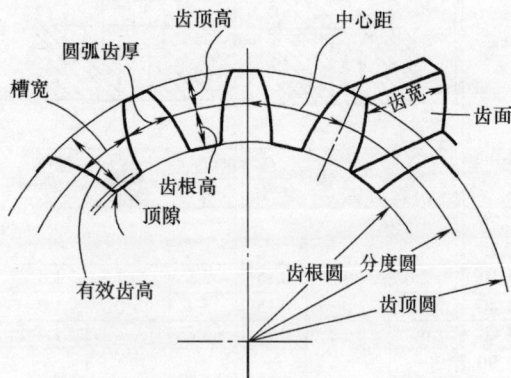

▲齿轮各部分名称

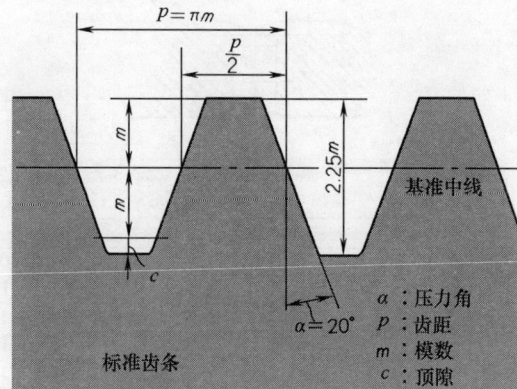

α：压力角
p：齿距
m：模数
c：顶隙

▲标准齿条

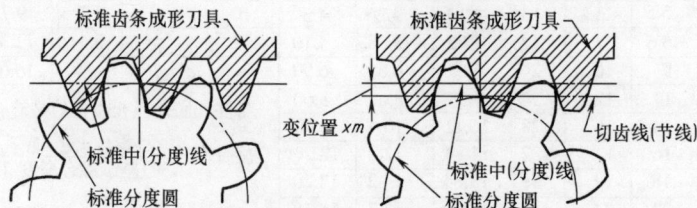

▲标准齿轮与变位齿轮

84

弧长。

$$齿距 = \frac{分度圆周长}{齿数 z} = \frac{\pi d}{z}$$

实际上常用模数来表示齿形的大小，在 JIS 中也将模数进行了标准化。

标准齿条与压力角

当基圆的直径无穷大时，渐开线便成为一条直线，它表示分度圆直径无限大的齿轮的齿形。将其叫做齿条，与其相啮合的直齿圆柱齿轮叫做副齿轮。

在 JIS 中对直齿圆柱齿轮进行了规定，对不受齿数影响的齿条的齿形也进行了规定，叫做标准齿条。

标准齿条以模数为基准，来决定齿形的尺寸大小。

齿的倾斜角度叫做压力角。压力角定为 20°，在直齿圆柱齿轮中，分度圆的标准压力角规定为 20°。

标准齿轮与变位齿轮

直齿圆柱齿轮根据用途和啮合方式可分为标准齿轮与变位齿轮。

标准齿轮是按照标准齿条的形状，以理想的滚动接触加工成的齿轮。

变位齿轮是在（用标准齿条刀具）加工齿轮时，齿条的中线相对于（轮坯的）分度圆有一个定量位移。

这个位移的大小叫做变位量（xm），x 称为变位系数。这种变位如果产生在分度圆的外侧就叫做正（+）变位，如果产生在分度圆的内侧就叫做负（−）变位。

齿轮的画法

齿轮的一般画法与螺纹一样省略齿形，使用简图。

各种线的使用规则如下：

● 齿顶圆：粗实线
● 分度圆：细点画线
● 齿根圆：细实线（可以省略）

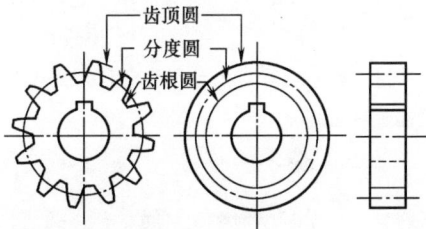

▲表示齿轮的线型图示

齿根圆虽然可以省略，但当沿齿轮轴的垂直方向进行剖视时，齿根圆要使用粗实线。因为根据 29 页的剖视图中按不剖来处理部分中的相关说明，齿按不剖绘制。

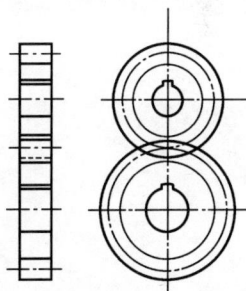

▲剖视图中齿根也使用粗实线

直齿圆柱齿轮的标记方法

齿轮的种类有很多，但 JIS B 0003 只对 8 种主要的渐开线齿轮的制图进行了规定，它们分别是直齿圆柱齿轮、斜齿圆柱齿轮、人字齿圆柱齿轮、螺旋齿轮（交错轴圆柱斜齿轮）、直齿锥齿轮、弧齿锥齿轮、准双曲面齿轮、蜗杆和蜗轮。

▲直齿圆柱齿轮

▲齿条和齿轮

▲内齿轮

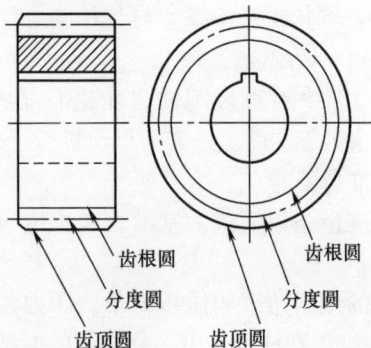

齿根圆　　　　　齿根圆

分度圆　　　　　分度圆

齿顶圆　　　　齿顶圆

▲直齿圆柱齿轮的简图

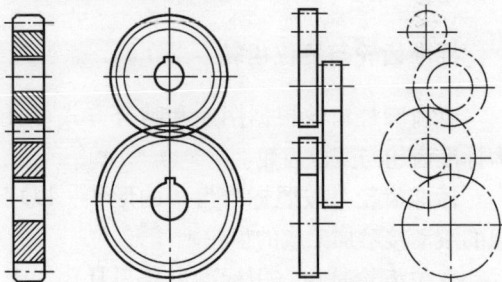

▲啮合的直齿圆柱齿轮　　▲一组直齿圆柱齿轮的简图

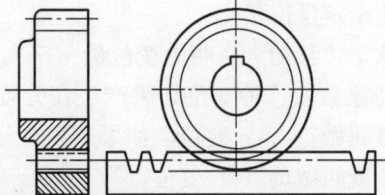

▲啮合的齿条和齿轮

在圆柱面上具有与轴线平行的直线齿的齿轮叫做直齿圆柱齿轮。在相互啮合的一组齿轮中，齿数多的齿轮叫做大齿轮（Gear），齿数少的齿轮叫做小齿轮（Pinion）。直径无限大的直齿圆柱齿轮叫做齿条。

齿形通常刻在圆柱的外周，但也有的大齿轮的齿形刻在圆柱的内侧。

通常情况下，圆柱外侧带齿的齿轮叫做外齿轮（External gear），内侧带齿的齿轮叫做内齿轮（Internal gear）。

▶标准直齿圆柱齿轮图：右图是直齿圆柱齿轮图的标注尺寸与参数表。图中除列出齿轮制作所必需的所有尺寸以外，有时也会记入分度圆的直径。参数表中应列出的项目有很多，在不产生误解的前提下，加工方法、检查等通常会省略。但标有＊号的地方是一定要列出的项目。在参数表中齿轮的齿形项中，标准齿轮简写为标准，变位齿轮简写为变位。

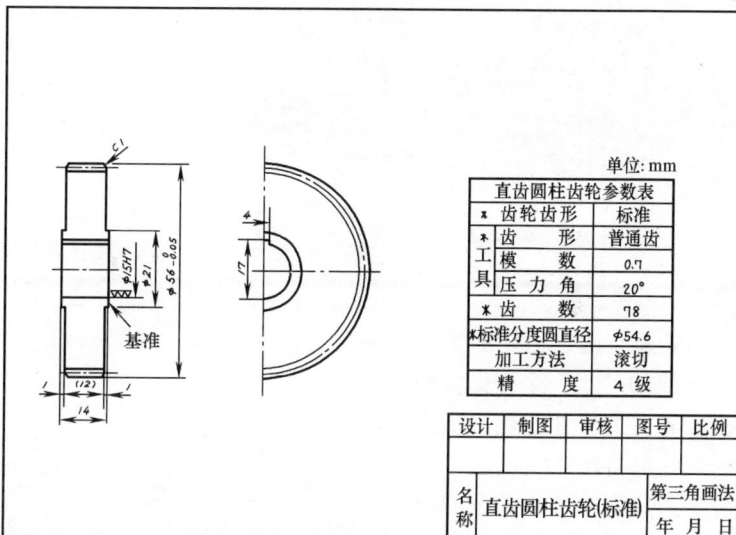

单位：mm		
直齿圆柱齿轮参数表		
＊ 齿轮齿形		标准
工具	齿 形	普通齿
	模 数	0.7
	压 力 角	20°
＊ 齿 数		78
＊标准分度圆直径		φ54.6
加工方法		滚切
精 度		4 级

设计	制图	审核	图号	比例

名称	直齿圆柱齿轮(标准)	第三角画法
		年 月 日

▶变位直齿圆柱齿轮图：右图参数表的工具·齿形一栏中区别填写长齿、正常齿、短齿，标准分度圆直径一栏中填写模数与齿数相乘所得的数值。当齿轮是变位齿轮时，节圆直径的数值有时会发生变化，这时要在备注栏中进行标记。如果要对参数表全部详细填写，工作量将会很大，所以只要不是特别精密的齿轮，只要标记栏能满足最小限度的必需要求就行了。即使标＊号以外的栏目省略了，加工人员也要根据合理的推断进行加工。

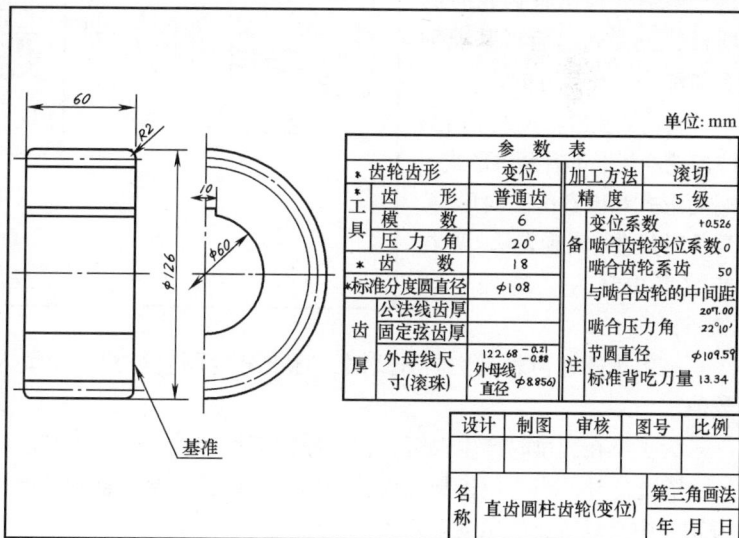

	单位：mm		
参 数 表			
＊ 齿轮齿形		变位	
工具	齿 形	普通齿	
	模 数	6	
	压 力 角	20°	
＊ 齿 数		18	
＊标准分度圆直径		φ108	
齿厚	公法线齿厚		
	固定弦齿厚		
	外母线尺寸(滚珠)	122.68 −0.21/−0.88 外母线(直径) φ8.856	

加工方法	滚切
精度	5 级
备注	变位系数 +0.526
	啮合齿轮变位系数 0
	啮合齿轮系边 50
	与啮合齿轮的中间距 207.00
	啮合压力角 22°10′
	节圆直径 φ109.59
	标准背吃刀量 13.34

设计	制图	审核	图号	比例

名称	直齿圆柱齿轮(变位)	第三角画法
		年 月 日

斜齿圆柱齿轮的标记方法

在圆柱面上具有与轴线成一定角度的斜齿的齿轮叫做斜齿圆柱齿轮。当一组斜齿圆柱齿轮相啮合时，两齿轮的轴线相互平行。也就是说，相啮合斜齿圆柱齿轮的斜齿的螺旋角是相等的，且其方向必须是相反的。与直齿圆柱齿轮一样，斜齿圆柱齿轮也用于平行轴间的动力传输，但与直齿圆柱齿轮相比其旋转更圆滑，能够实现更大的动力传输。其缺点是要安装必要的装置来防止产生轴向的推力。

▶右图斜齿圆柱齿轮的图样中标注的尺寸，除有直齿圆柱齿轮时的尺寸，还多了齿的螺旋角和方向。

参数表中必须列出的项目，除有直齿圆柱齿轮时的项目，还要列出齿形基准剖面和螺旋角及其方向。

斜齿圆柱齿轮及人字齿圆柱齿轮的齿形都有两种形式，端面形式和齿直角法向形式。为了对其进行明确表示，要在参数表中记入"端面"或"法向"。

单位: mm

参　数　表			
* 齿轮齿形	标准	齿 公法线齿厚 (法向)	30.99 -0.08/-0.16
* 齿形基准平面	齿直角(齿向)	公法线齿数	3
* 齿形	普通齿	厚 固定弦齿厚	
工 模数	4	外母线尺寸	
具 压力角	20°	加工方法	磨削加工
* 齿数	19	精度	1级
* 螺旋角	19°42′	备 基圆直径 78.78	
* 螺旋方向	左	注 标准背吃刀量 9.4	
导程	531.385		
*标准分度圆直径	φ85.071		

设计	制图	审核	图号	比例

名称	斜齿圆柱齿轮	第三角画法
		年 月 日

基准

当斜齿圆柱齿轮是法向方式时，标准分度圆直径栏中要填入"齿数×法向模数"÷cosθ"的数值。

为了不在测量时产生误解，在齿厚测定栏中也要附记上"法向"。

除此之外，当将斜齿圆柱齿轮用作螺旋齿轮（交错轴圆柱斜齿轮）使用时，通常要把相啮合齿轮的中心线所成的角度记入备注栏中。

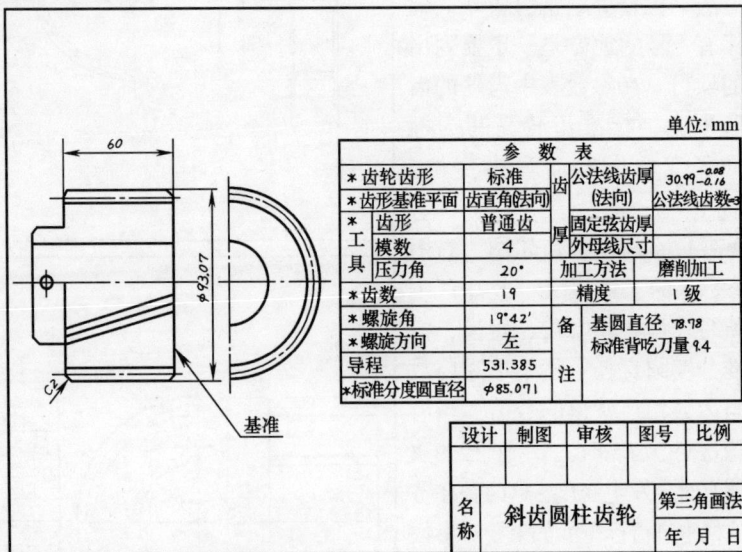

人字齿圆柱齿轮的标记方法

斜齿在中央变为相反方向，看上去呈人字形，这种齿轮叫做人字齿圆柱齿轮。

这就像一个左旋斜齿圆柱齿轮与右旋斜齿圆柱齿轮的组合，当然它也是用于平行轴间的动力传输。

由于人字圆柱齿轮的斜齿螺旋方向相反，所以其优点是可以相互抵消轴向的推力，性能比斜齿圆柱齿轮更好，当然加工也更加困难。

▶人字齿圆柱齿轮的图样标注方法与斜齿圆柱齿轮的大致一样，但有以下几点不同。

人字形圆柱齿轮齿形部的形状种类要与加工时使用的机床同时记入加工方法栏里。

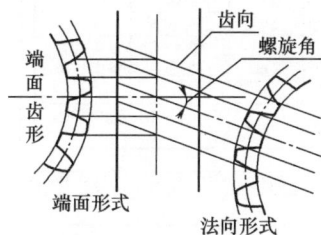

▲端面形式与法向形式

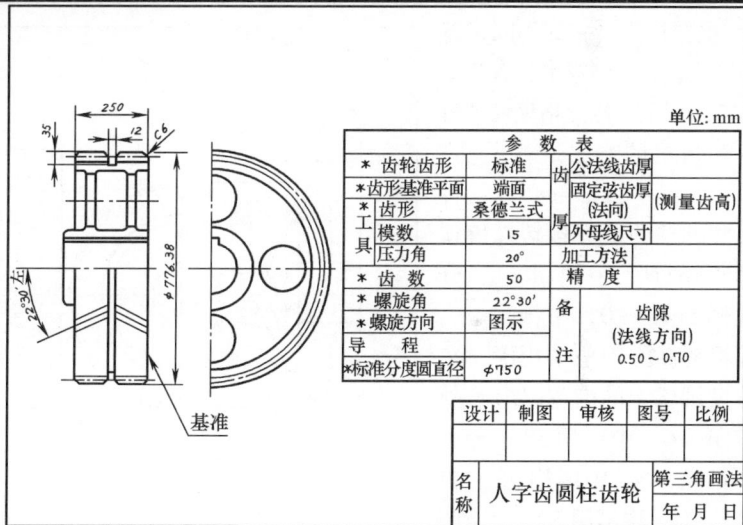

单位: mm

参 数 表		
* 齿轮齿形	标准	齿厚 公法线齿厚
* 齿形基准平面	端面	固定弦齿厚 (法向) (测量齿高)
工具 齿形	桑德兰式	外母线尺寸
模数	15	加工方法
压力角	20°	精 度
* 齿 数	50	备注 齿隙 (法线方向) 0.50～0.70
* 螺旋角	22°30′	
* 螺旋方向	图示	
导 程		
*标准分度圆直径	$\phi750$	

设计	制图	审核	图号	比例
名称	人字齿圆柱齿轮			第三角画法
				年 月 日

▼渐开线直齿圆柱齿轮、斜齿圆柱齿轮、人字齿圆柱齿轮的齿形尺寸

项 目	直齿圆柱齿轮	斜齿圆柱齿轮·人字齿圆柱齿轮	
		法 向 形 式	端 面 形 式
	标准·变位	标准·变位	标准·变位
标准模数	m	法向模数 m_n	端面模数 m_t
标准压力角	$\alpha=20°$	法向压力角 $\alpha_n=20°$	端面压力角 $\alpha_t=20°$
标准分度圆直径	zm	$zm_n/\cos\beta$	zm_t
全齿高	$2.25m$ 以上	$2.25m_n$ 以上	$2.25m_t$ 以上

直齿锥齿轮的标记方法

直齿锥齿轮是在圆锥面具有直线形齿的齿轮，由于其看上去呈锥形就被称为直齿锥齿轮。

一组锥齿轮的两条轴线成一定角度相交，用于将一方的旋转运动传输到另一方。两轴线的交角通常为直角，但有时为锐角和钝角。直齿锥齿轮是一种具有直线齿且齿向指向圆锥顶点的锥齿轮。

▶ 根据切齿方式的不同，直齿圆锥齿轮的图样多少有些不一样，以下就按照格里森锥齿轮切齿机的方法进行说明。

图样中齿形部必须进行尺寸标注的地方包括：齿顶圆直径（D_1，中国用 d_a）、分度圆直径（D，中国用 d）、齿根圆直径（D_2，中国用 d_f）、分度圆锥上的齿宽（B）、外锥距（G，中国用 R）、分度顶锥角（α，中国用 δ_a）、根锥角（β，中国用 δ_f）、分度圆角（F，中国用 δ）等。

锥形齿轮参数表中，全齿高、齿顶高、齿根高等不受加工工具影响的情况很多，所以要记入参数表中。由于锥形齿轮的齿宽从齿顶向齿根逐渐变小，所以齿的大小在各点都不相同，但锥齿轮的齿部尺寸通常用其齿顶的尺寸数值表示。

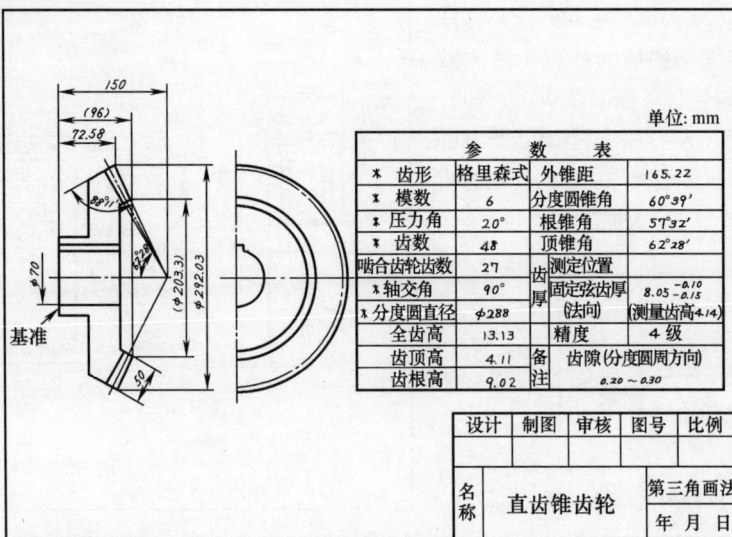

单位: mm

参	数	表	
✳ 齿形	格里森式	外锥距	165.22
✳ 模数	6	分度圆锥角	60°39′
✳ 压力角	20°	根锥角	57°32′
✳ 齿数	48	顶锥角	62°28′
啮合齿轮齿数	27	齿厚 测定位置	
✳ 轴交角	90°	固定弦齿厚（法向）	$8.05\,^{-0.10}_{-0.15}$
✳ 分度圆直径	φ288		（测量齿高4.14）
全齿高	13.13	精度	4 级
齿顶高	4.11	备注	齿隙（分度圆周方向）
齿根高	9.02		0.20～0.30

设计	制图	审核	图号	比例
名称	直齿锥齿轮		第三角画法	
			年 月 日	

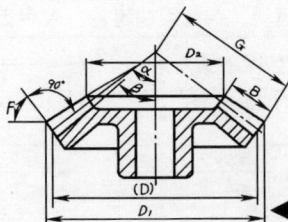

◀ 直齿锥齿轮的名称

弧齿锥齿轮的标记方法

齿形呈曲线形的锥形齿轮叫做弧齿锥齿轮。齿的弯曲类型分为弧形弯曲与渐开线弯曲，JIS中规定，通常使用的是弧形弯曲。

齿向与齿宽中央的交点的切线和通过此交点的分度圆母线所成的角叫做螺旋角（α）。从齿向的内侧看，呈顺时针弯曲的螺旋叫做右旋，呈逆时针弯曲的螺旋叫做左旋。

▶右图是弧齿锥齿轮的图样。图样中所标注的尺寸，以直齿锥齿轮为基准，但在此基础上又对齿的螺旋角度及方向进行了标注。

现在在日本能见到的弧齿锥齿轮的齿形几乎都是格里森式弧形齿。弧齿锥齿轮的切齿方式特别复杂，所以与其相啮合的齿轮的尺寸也会记入参数表中。

当使用格里森切齿方式时，参数表中的刀具栏里要记入刀具直径，压力角栏里要记入齿轮的法向压力角。

弧齿锥齿轮的齿厚要在齿顶部的法向剖面处，使用齿厚测量器（齿厚千分尺、齿厚游标卡尺）进行测量。要在参数表中的相应栏中记入固定弦基准尺寸及其尺寸偏差。

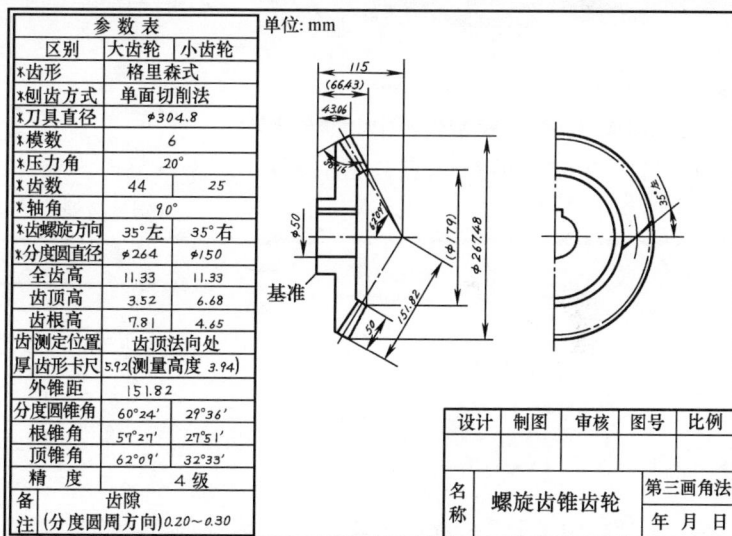

参数表			单位: mm
区别	大齿轮	小齿轮	
*齿形	格里森式		
*刨齿方式	单面切削法		
*刀具直径	φ304.8		
*模数	6		
*压力角	20°		
*齿数	44	25	
*轴角	90°		
*齿螺旋方向	35°左	35°右	
*分度圆直径	φ264	φ150	
全齿高	11.33	11.33	
齿顶高	3.52	6.68	
齿根高	7.81	4.65	
齿厚 测定位置	齿顶法向处		
齿厚 齿形卡尺	5.92(测量高度 3.94)		
外锥距	151.82		
分度圆锥角	60°24'	29°36'	
根锥角	57°27'	27°51'	
顶锥角	62°09'	32°33'	
精度	4 级		
备注	齿隙 (分度圆周方向)0.20~0.30		

设计	制图	审核	图号	比例

名称	螺旋齿锥齿轮	第三画角法
		年 月 日

◀弧齿锥齿轮的圆弧弯曲

蜗杆和蜗轮的标记方法

▲蜗杆（上）与蜗轮

在轴向成直角的两螺旋齿轮中，如果极端减少一方的齿数的齿数，它就会变为螺纹状，这时称它为蜗杆，与其相啮合的齿轮叫做蜗轮。蜗杆与蜗轮总称蜗杆副。

动力能通过蜗杆传输到蜗轮，由于旋转比的大小一般为1/10~1/50的大比例，所以不能进行逆向传动。蜗杆的齿数与螺纹一样称为条数，一般有1条、2条、3条和右螺旋、左螺旋。

从蜗杆的轴向看，顺时针旋转称为右螺旋。

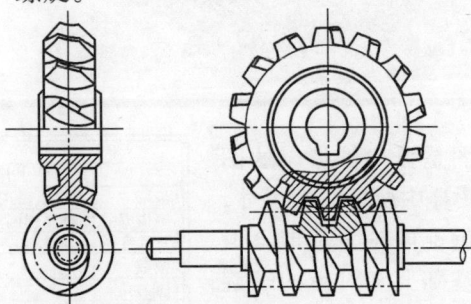

▲蜗杆与蜗轮的啮合图

▲蜗杆的图样中一般要标注的对象包括：齿顶圆直径（D_1，中国用d_{a1}）、分度圆直径（D，中国用d）、蜗杆齿宽（l）、导程角（α，中国用γ）、螺旋方向等。当在图中标记螺旋方向时，要在数值的后面标上"左"或"右"。

蜗杆的齿形剖视有两种形式：一、沿轴面进行剖切的轴剖视形式，二、沿齿槽的垂直

单位：mm

蜗杆的参数表			
*齿形基准剖面		全齿高	
模数	齿	齿形卡尺（法向）	
*齿距	厚	外母线直径	
*头数及其方向		加工方法	
*压力角		精度	
*分度圆直径	备	齿隙	
导程	注	（啮合蜗轮的分度圆周方向）	
导程角			

面进行剖切的齿直角剖视形式，这一定要记入参数表的齿形基准剖面栏里。虽然蜗杆是逐个在车床上进行切削加工，但是当通过模数对图进行标注，车床的丝杠和交换齿轮不是模数的形式时，必须把模数换算为圆周齿距，并且要充分考虑交换齿轮。

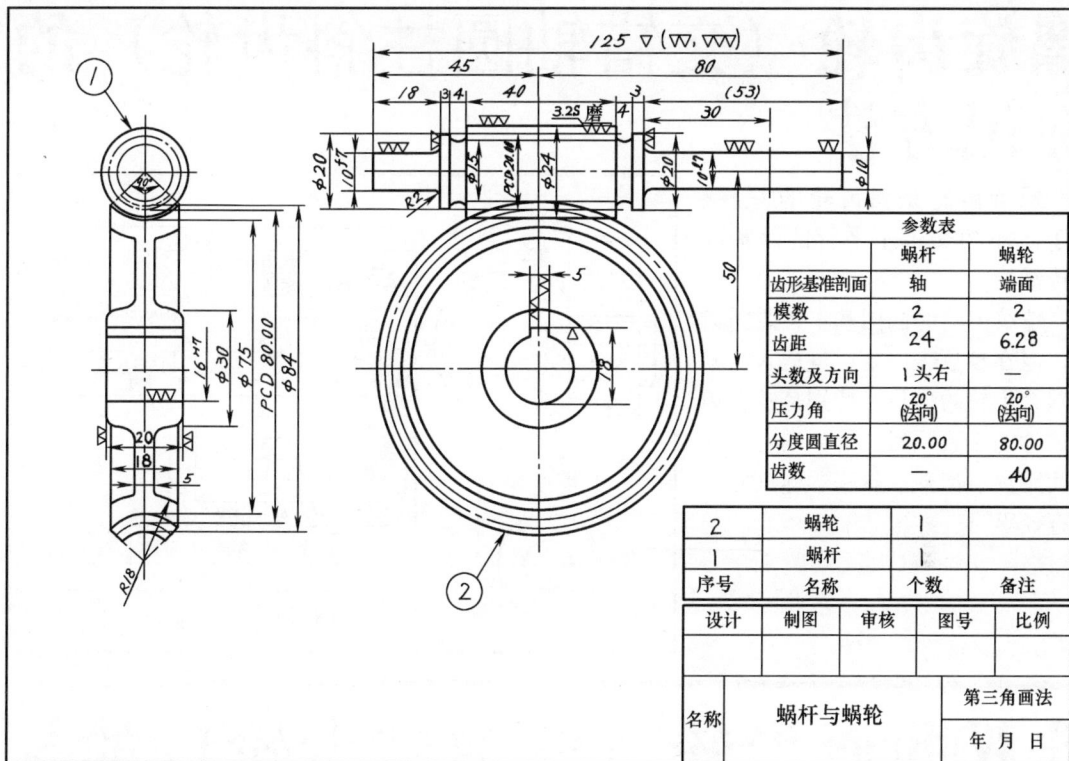

▲ 蜗杆与蜗轮的啮合图样

参数表		
	蜗杆	蜗轮
齿形基准剖面	轴	端面
模数	2	2
齿距	24	6.28
头数及方向	1头右	—
压力角	20°(法向)	20°(法向)
分度圆直径	20.00	80.00
齿数	—	40

2	蜗轮	1	
1	蜗杆	1	
序号	名称	个数	备注

设计	制图	审核	图号	比例

名称	蜗杆与蜗轮	第三角画法
		年 月 日

单位：mm

蜗轮参数表			
* 齿形基准剖面	全齿高		
* 模数	齿厚	齿形卡尺（法向）	
* 齿距	加工方法		
* 压力角	精度		
* 齿数			
* 分度圆直径		备注	齿隙 （分度圆周方向）
啮合蜗杆 头数及方向			
分度圆直径			
轴向齿距			
导程角			

▲蜗轮图中标注的对象包括：齿轮的外圆直径（D_1，中国用 d_{e2}）、喉圆直径（D_2，中国用 d_{a2}）、分度圆直径（D，中国用 d_2）、咽喉母圆半径（R，中国用 r_{g2}）、齿侧面角（θ）等。

当一组蜗杆与蜗轮在同一图样中时，其参数表中蜗杆与蜗轮栏要一左一右进行标记。当两者在图中是啮合状态时，要标记出其中心距。

93

螺旋齿轮（交错轴圆柱斜齿轮）的标记方法

　　螺旋齿轮是斜齿轮的一种，用于既不相交也不平行的两轴间的传动。

　　螺纹齿轮的制图基本参照斜齿轮，但在参数表中要尽量记入与其相啮合齿轮的项目。特别是啮合齿轮尺寸的必要项目，比如啮合时的轴间距离、齿数、导程、标准分度圆直径等。

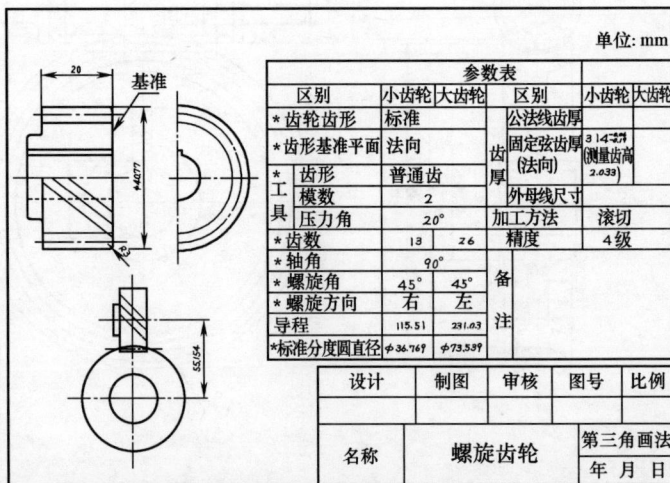

単位: mm

参数表					
区别	小齿轮	大齿轮	区别	小齿轮	大齿轮
*齿轮齿形	标准		公法线齿厚		
*齿形基准平面	法向		固定弦齿厚(法向)	3.14	
*齿形	普通齿			(测量齿高 2.033)	
模数	2		外母线尺寸		
压力角	20°		加工方法	滚切	
*齿数	13	26	精度	4级	
*轴角	90°				
*螺旋角	45°	45°			
*螺旋方向	右	左			
导程	115.51	231.03			
*标准分度圆直径	φ36.769	φ73.539			

（工具）　（齿厚）　（备注）

设计	制图	审核	图号	比例
名称	螺旋齿轮		第三角画法 年月日	

准双曲面齿轮（偏轴锥齿轮）的标记方法

　　形状与弧齿锥齿轮相似，但它和弧齿锥齿轮一样用于交错轴之间的传动。

　　准双曲面齿轮的特点是由于两轴不交叉，所以在小齿轮两侧安装轴承比较容易，强度也会增大。由于准双面齿轮在啮合时是线接触，所以与点接触的弧齿锥齿轮相比其运转也更灵活、安静。

　　在制图时需要注意的是，其螺旋方向要用一条粗实线进行图示，其次要画出其啮合时的状态图，并尽量在图上对尺寸进行标注。

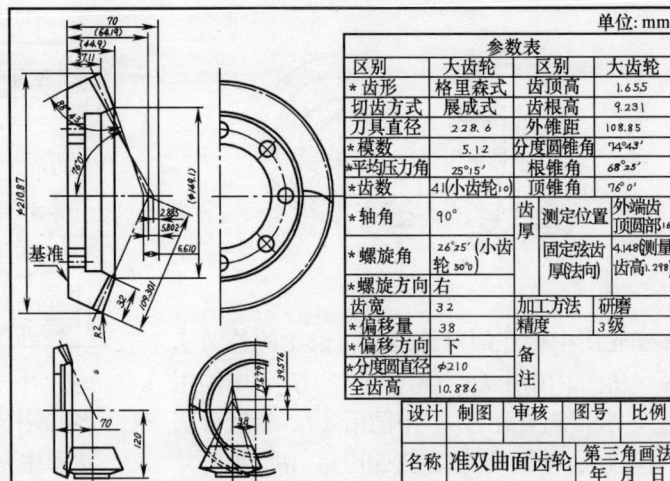

単位: mm

参数表			
区别	大齿轮	区别	大齿轮
*齿形	格里森式	齿顶高	1.655
切齿方式	展成式	齿根高	9.231
刀具直径	228.6	外锥距	108.85
*模数	5.12	分度圆锥角	14°43'
*平均压力角	25°15'	根锥角	68°25'
*齿数	41(小齿轮10)	顶锥角	76°0'
*轴角	90°	测定位置	外端齿顶圆部16
*螺旋角	26°25'(小齿轮30°b)	固定弦齿厚(齿向)	4.148(测量齿高1.298)
*螺旋方向	右		
齿宽	32	加工方法	研磨
*偏移量	38	精度	3级
*偏移方向	右		
分度圆直径	φ210	备注	
全齿高	10.886		

设计	制图	审核	图号	比例
名称	准双曲面齿轮		第三角画法 年月日	

轴承

滑动轴承

对做回转运动或往复运动的轴起支撑作用，并能使其灵活运转的部分就叫做轴承。包在轴承里的轴的部分叫做轴颈。

滑动轴承是通过面接触对轴起支撑作用的轴承。轴承按照负荷方向的不同可分为以下2种。

● 径向（向心）轴承：这种轴承适用于当负荷垂直作用在轴上，即力作用在径向上时。

● 轴向（推力）轴承：这种轴承适用于当负荷作用在轴向时，即力作用在端面方向上时。通过端面的凸肩承受负荷的推力轴承叫做环肩止推式（滑动）轴承，通过端面的中心部承受负荷的推力轴承叫做枢轴轴承。

除此之外，同时承受径向与轴向负荷的

轴承有锥形轴承和调心轴承。

● 锥形轴承：轴颈部呈圆锥形，其锥度越大轴向的负荷能力也越大，相反其锥度越小径向的负荷能力越小。

● 球形轴承：轴颈部呈球形，由于可以使轴朝任意方向倾斜，所以可作为特殊轴承使用。

以上提到的滑动轴承由于构造简单、使用方便，加工也比较容易，在以前常被作为机械、工具的轴承而使用至今，但现在常用的绝大多数是在 96 页所提到的滚动轴承。

现在用到滑动轴承的情况多为当轴承的厚度大小被严格限制时、需要大量的面接触时及想使轴承的加工成本更低时。

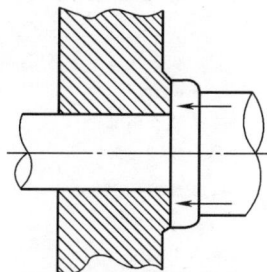

▲轴向轴承（环肩止推式）

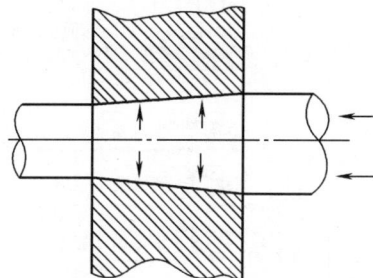

▲锥形轴承

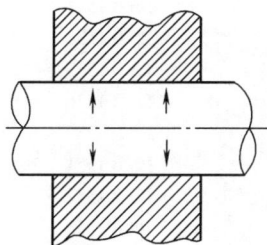

▲径向轴承

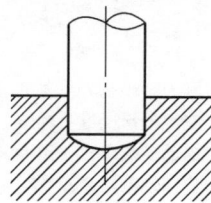

▲枢轴轴承

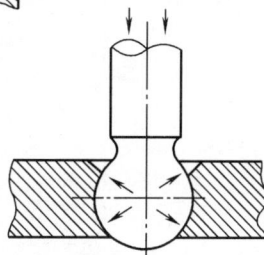

▲球形轴承

滚动轴承

滚动轴承是在一组滚道中嵌入一定数量的球或滚子，并通过保持架使其保持一定的间隔来实现滚动运动的轴承。与滑动轴承相比，其摩擦较小，性能也更加出色，所以在最近得到了广泛使用，以至人们提起轴承都

是指滚动轴承。

滚动轴承的滚动槽里的球或滚子叫做滚动体。当滚动体是球时叫做球轴承，当滚动体是滚子时叫做滚子轴承。

关于轴承的载荷如 95 页滑动轴承所述，作用在与回转轴垂直方向的载荷叫做径向（向心）负荷，作用在轴向的载荷叫做轴向（推力）负荷。承受径向载荷的轴承叫做径向（向心）轴承，承受径向载荷的轴承叫轴向（推力）轴承。

以上使用球作为滚动体的轴承叫做径向（向心）球轴承和轴向（推力）球轴承，使用滚子作为滚动体的轴承叫做径向（向心）滚子轴承和轴向（推力）滚子轴承。

当滚动体是一列时称作单列，当滚动体是两列时称作双列。

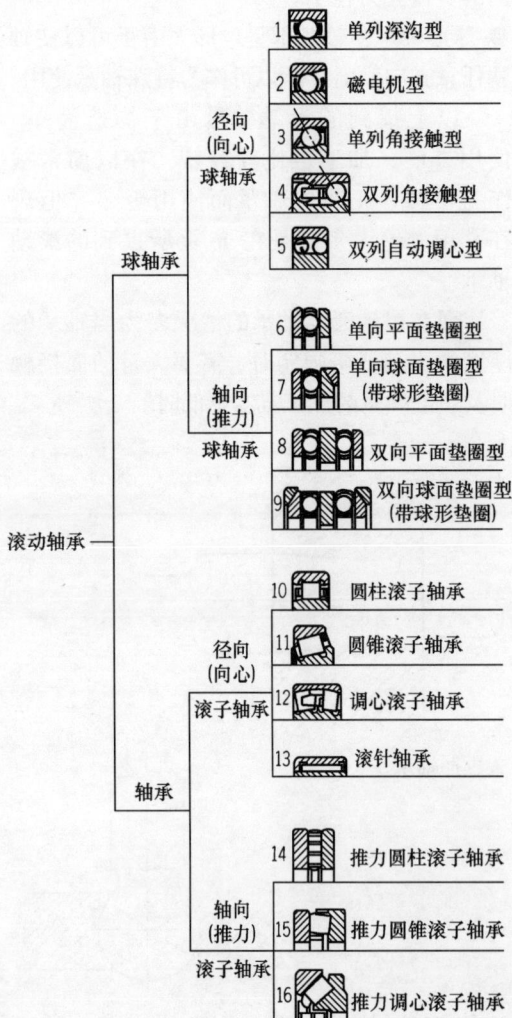

滚动轴承
- 球轴承
  - 径向（向心）球轴承
    - 1 单列深沟型
    - 2 磁电机型
    - 3 单列角接触型
    - 4 双列角接触型
    - 5 双列自动调心型
  - 轴向（推力）球轴承
    - 6 单向平面垫圈型
    - 7 单向球面垫圈型（带球形垫圈）
    - 8 双向平面垫圈型
    - 9 双向球面垫圈型（带球形垫圈）
- 轴承
  - 滚子轴承 径向（向心）
    - 10 圆柱滚子轴承
    - 11 圆锥滚子轴承
    - 12 调心滚子轴承
    - 13 滚针轴承
  - 滚子轴承 轴向（推力）
    - 14 推力圆柱滚子轴承
    - 15 推力圆锥滚子轴承
    - 16 推力调心滚子轴承

▼ 滚动轴承的 JIS 规格表

名　　称	规格代号
球轴承用钢球	JIS B 1501
滚子轴承用滚柱	JIS B 1506
滚动轴承用圆锥	JIS B 1508
深沟球轴承	JIS B 1521
角接触球轴承	JIS B 1522
自动调心球轴承	JIS B 1523
平面垫圈推力球轴承	JIS B 1532
圆柱滚子轴承	JIS B 1533
圆锥滚子轴承	JIS B 1534
自动调心滚子轴承	JIS B 1535
滚针轴承	JIS B 1536
推力自动调心滚子轴承	JIS B 1539
滚动轴承用推力轴承支架	JIS B 1551
滚动轴承用接头组件	JIS B 1552
滚动轴承用紧固套	JIS B 1553
滚动轴承用螺母	JIS B 1554

滚动轴承的形式

虽然滚动轴承的结构尺寸多种多样，但各自都有不同的特性，所以在轴承的选择与使用时必须根据一定的目的性来选择合适的轴承。因此如果不熟知一些常用轴承的结构特性，就难以充分发挥轴承的性能。

单列深沟向心球轴承（深沟球轴承）

这种形式的轴承在轴承当中是最具有代表性的。

滚道面呈深沟状，不仅可以承受径向的负荷也可以承受轴向的负荷。特别是在高速旋转有轴向负荷时，可代替推力球轴承使用。

由于其构造简单，与其他的轴承相比，可以比较容易地加工出高精度、适应高速旋转的轴承。这种轴承有两种：一是带有钢板防尘盖的防尘盖球轴承（代号 ZZ 型）；二是通过橡胶密封板将黄油密封在轴承里的密封式球轴承（代号 DD 型）。密封式球轴承常用在防止外部脏污与湿气侵入的部件上。

单列深沟型向心球轴承的代号有 600、6000、6200、6300、6400 等。

单列角接触球轴承（角接触球轴承）

这种形式的轴承可以承受径向的负荷和单方向的轴向负荷，并且与单列深沟型轴承相比，其承载负荷的能力更大。

其接触角（α）有 20°、30°、40°三种，接触角越大轴向的负荷能力也越大。但是相反在高速旋转时，接触角越小越有利。

这种轴承必须在一根轴上成对使用，但也可以将两个并列起来用作复合轴承使用。在用作复合轴承使用时，其正面相对的组合形式叫做面对面布置、背面相对的组合形式叫做背对背布置、正面与背面相对的组合形式叫做串联布置。

其代号有 7200 与 7300，在代号的末尾一定要标注上接触角 20°、30°、40°的代号 C、A、B。

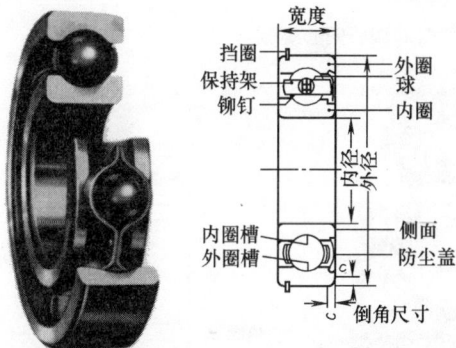

▲单列深沟向心球轴承

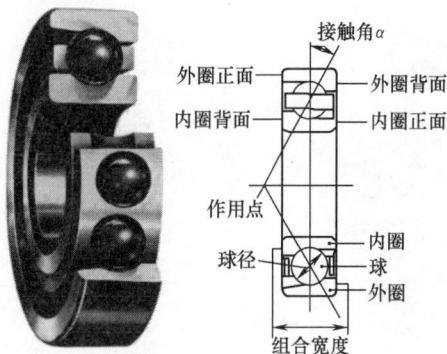

▲单列角接触球轴承

双列自动调心向心球轴承 (调心球轴承)

这种形式的轴承的外圈滚道面呈球形，可以实现自动调心，即使是轴承或轴承箱轴

▲双列自动调心向心球轴承

外圈挡边
内圈挡边
分度圆直径d_m
挡圈
内圈
分度圆直径
外圈
滚子直径
滚子全长

▲圆柱滚子轴承

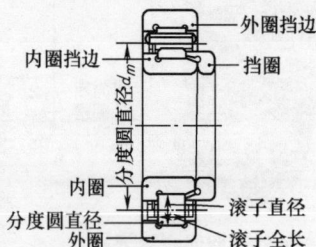

外圈宽C
外圈
圆锥滚子
大挡边
内圈
内圈宽B
作用点
滚子角度
滚子正面
内圈正面
小挡边
内圈宽B
内圈角度
外圈角度
内圈背面
外圈背面
内圈槽
外圈槽
外圈正面
外圈背面
组合宽度T

▲圆锥滚子轴承

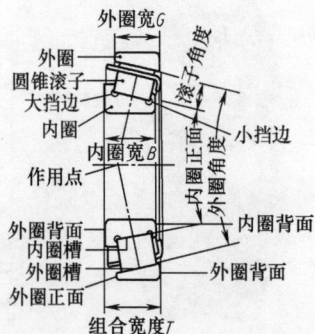

线不正也没关系，所以其使用非常便利。但由于其轴向负荷能力很小，所以对安装的难易程度很敏感。这种轴承常用于传动装置。

这种轴承的代号有 1200、2200、1300、2300 等，对于使用接头组件、紧固套的带锥孔内径的轴承其标称序号后面要标注上代号 K。

圆柱滚子轴承

这种形式的轴承使用圆柱滚子作为滚动体，径向负荷能力很强。

根据内外圈有无挡边其种类有很多种。N型、NU 型具有能够进行轴向移动的结构，内圈与外圈能够分离；NJ、NF 型允许机轴在一个方向产生轴向位移，并可承受较小的轴向负荷；NN 型为双列，主要用在机床的主轴上。

圆柱滚子轴承耐重负荷与冲击负荷的能力强，可以抵抗轴向的热膨胀。

代号有 N200、N300 或 NU200、NU300等，NN 型指的是 NN3000。

圆锥滚子轴承

这种形式的轴承使用圆锥形滚子作为滚动体，可以承受径向负荷和单方向的轴向负荷。

圆锥滚子轴承的负荷容量大、抗冲击力强，因此适合用于大型机床的主轴上。

与角接触球轴承一样，圆锥滚子轴承通常将两个轴承配合起来使用，其组合使用方式有面对面布置（GF），背对背布置（GB）。

代号有 30200、32200、30300、32300等。除此之外，双列、四列圆锥滚子轴承在各方面也有广泛应用。

调心滚子轴承

这种形式的轴承通过使用双列的球面滚子，具有自动调心的功能，因此也被称作自动调心型滚子轴承。

与自动调心型球轴承一样，适用于有一定挠度的轴或轴线不正的部件。与双列的球轴承相比，其负荷容量更大，因此在低速重负荷、冲击重负荷的情况下得到了广泛使用。

内圈内径带锥孔的轴承可以使用接头组件、紧固套和退卸套进行装卸，从而使装卸更方便。

其常用的代号有 22200、22300、23000 等。

推力球轴承

这种形式的轴承只能承受轴向的负荷。虽说其轴向的负荷容量很大，但不适合高速旋转。

安装在轴上的套圈叫做转动圈（轴圈），其余的套圈叫做固定圈（座圈），有的固定圈上可以带有平垫圈或球面垫圈。推力球轴承有两种：一是能承受单方向轴向负荷的单向推力球轴承；二是能承受双向轴向负荷的复式推力球轴承。

其代号因固定圈（座圈）的不同而异，平面垫圈的单向推力球轴承的代号有 51100、51200、51300、51400；球面垫圈的单向推力球轴承的代号有 53200、53300、53400 等；平面垫圈的复式推力球轴承的代号有 52200、52300、52400；球面垫圈的复式推力球轴承的代号有 54200、54300、54400 等。带球面垫圈的推力球轴承要在代号的后面标注上代号 U。

推力调心滚子轴承

这种形式的轴承使用球面滚子作为滚动体，能够承受一定量的径向负荷。

其下圈（座圈）的滚道呈球面状，具有一定的调心性。虽然轴向的负荷容量巨大，但不适合高速旋转。

代号有 29200、29300、29400 等。

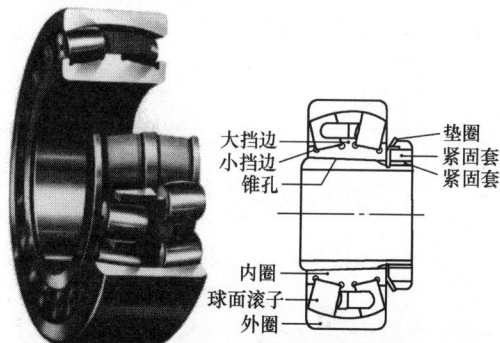

▲ 调心滚子轴承

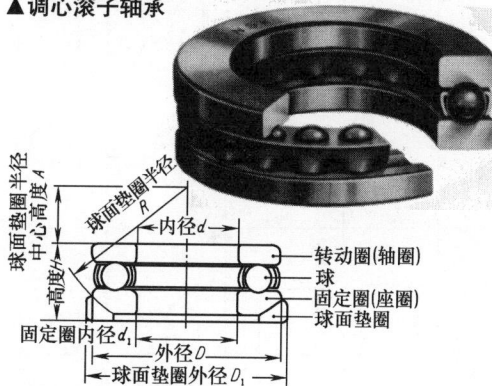

▲ 单向推力球轴承

▲ 推力调心滚子轴承

99

滚动轴承的简化画法和标记方法

滚动轴承作为标准部件可以在市场上直接买到，所以没有必要自己进行加工。但为了方便轴与轴承箱的加工，一般要对所使用的滚动轴承的种类、形式进行表示。

这种画法在 JIS B 0005 中有相关的规定。

为了使看图的人明白，上部分的图形是最接近实物形状的简图。由于图形是剖面图形的简略图，所以支撑滚动体的挡圈被省

滚动轴承	向心球轴承（深沟球轴承）				推力球轴承		
——	单列深沟型	单列深沟型（带挡圈）	单列角接触型	双列自动调心型	单向平面垫圈型	双向平面垫圈型	单向球面垫圈型
简图 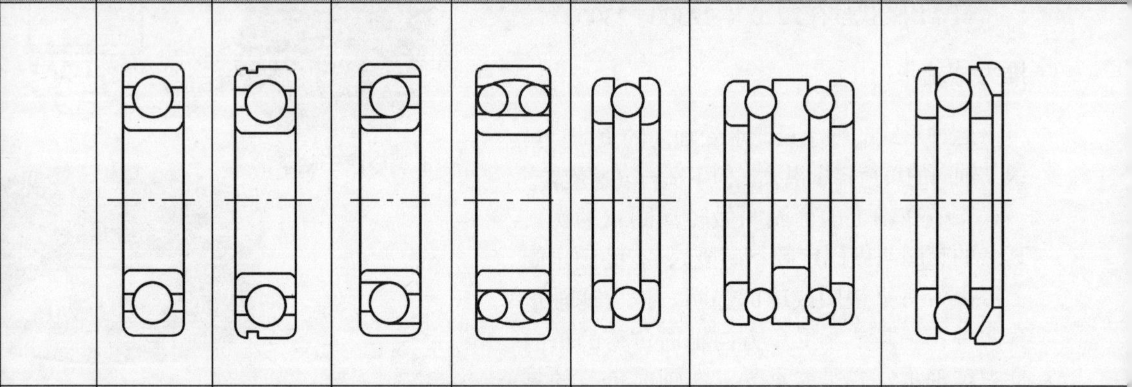							
简图图示法 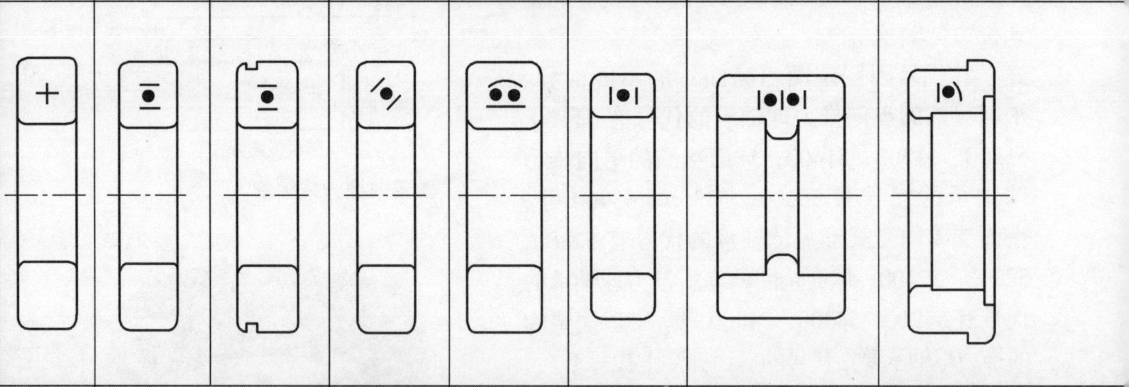							
符号 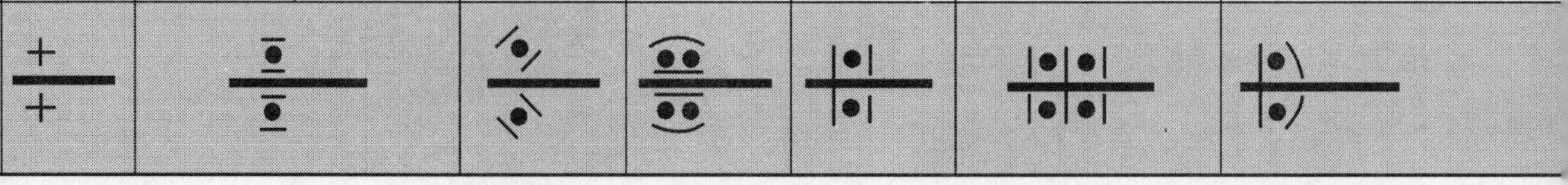							

100

略了。

中间的简化画法只画出了滚动轴承的轮廓及其内部的滚动体的符号。当轴承是向心轴承时，符号要画在内外圈的剖面轮廓的中心部位；当轴承是推力轴承时，符号要画在旋转圈（轴圈）与固定圈（座圈）的剖面轮廓的中心部位。而且这些符号只标注在中心线的一侧。

下部分的说明性用图，主要使用通过结构图绘制的符号表示，在此轴通过一条粗实线表示，并要在实线两侧对称画出符号。

如果要简单地表示轴承是滚动轴承，可以不考虑轴承的结构形式，只使用符号"+"。

	圆柱滚子轴承				圆锥滚子轴承	球面滚子轴承
双向球面垫圈型	N 型	NU 型	NJ 型	NN 型	——	——

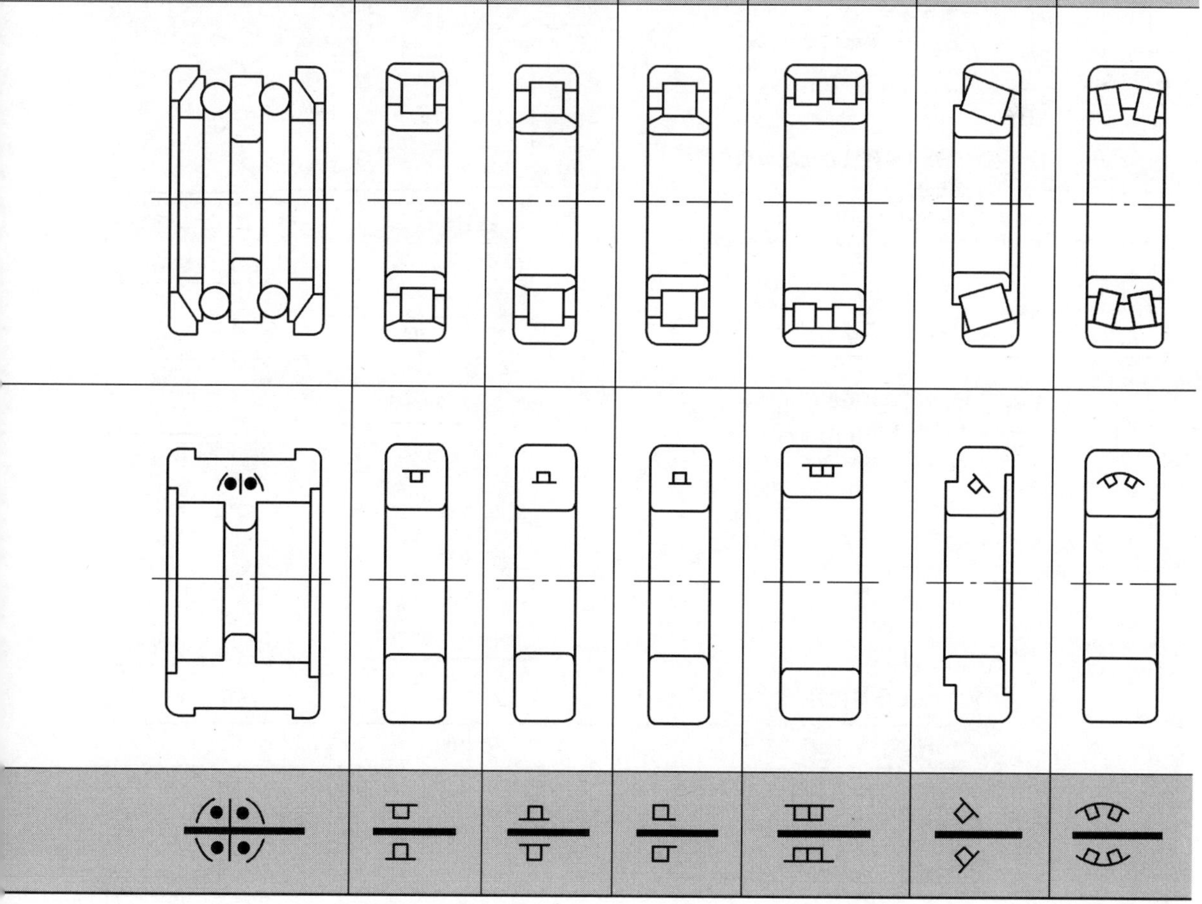

滚动轴承的标记方法

当在图样上表示滚动轴承的种类、结构形式、尺寸时，要使用代号与辅助代号并将其标注在尺寸指引线上，或者写出零件序号并制成一览表。

代号如 97 页"滚动轴承的各种形式"中所示，滚动轴承的种类代号使用序号的前两位或前三位表示，为了使人清楚轴承的内径尺寸（mm），内径代号使用序号后的后两位表示。其余的代号为辅助代号，辅助代号决定了滚动轴承的结构形式。

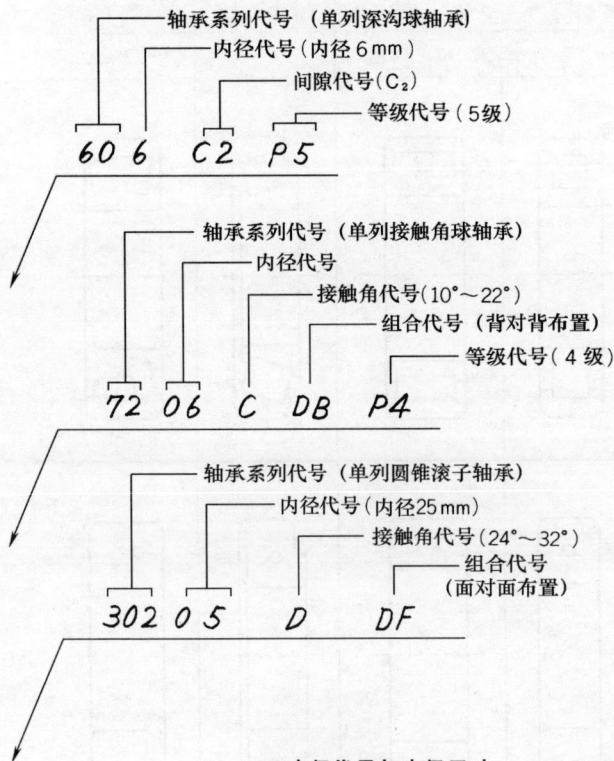

代号不能显示的轴承的外径或宽度也要统一记入各滚动轴承的代号规格表中。

- 轴承系列代号 （单列深沟球轴承）
- 内径代号（内径 6 mm）
- 间隙代号（C₂）
- 等级代号（5 级）

60 6   C2   P5

- 轴承系列代号 （单列接触角球轴承）
- 内径代号
- 接触角代号（10°～22°）
- 组合代号 （背对背布置）
- 等级代号（4 级）

72 06   C   DB   P4

- 轴承系列代号 （单列圆锥滚子轴承）
- 内径代号（内径 25 mm）
- 接触角代号（24°～32°）
- 组合代号（面对面布置）

302 0 5   D   DF

▼代号的辅助代号

组合代号	
代号	内容
DB	面对面
DF	背对背
DT	串联

间隙代号	
代号	内容
C₁ ₹ C₅	间隙变大 →

保持架代号	
代号	内容
V	无保持架

接触角代号	
代号	内容
C	10°~22°
A	30°
D	40°
B	24°~32°

密封垫、防尘板代号	
代号	内容
UU	双垫
U	单垫
ZZ	双板
Z	单板

等级代号	
代号	内容
无	0 级
P6	6 级
P5	5 级
P4	4 级

套圈的结构形状	
代号	内容
K	内圈锥孔锥度 1/12
N	带套圈槽
NR	带挡圈

▼内径代号与内径尺寸

（单位：mm）

内径代号	1	2	3	4	5	6	7	8	9	00	01	02	03	04	/22	05	/28
内径尺寸	1	2	3	4	5	6	7	8	9	10	12	15	17	20	22	25	28
内径代号	06	/32	07	08	09	10	11	12	13	14	15	16	17	18	19	20	21
内径尺寸	30	32	35	40	45	50	55	60	65	70	75	80	85	99	95	100	105

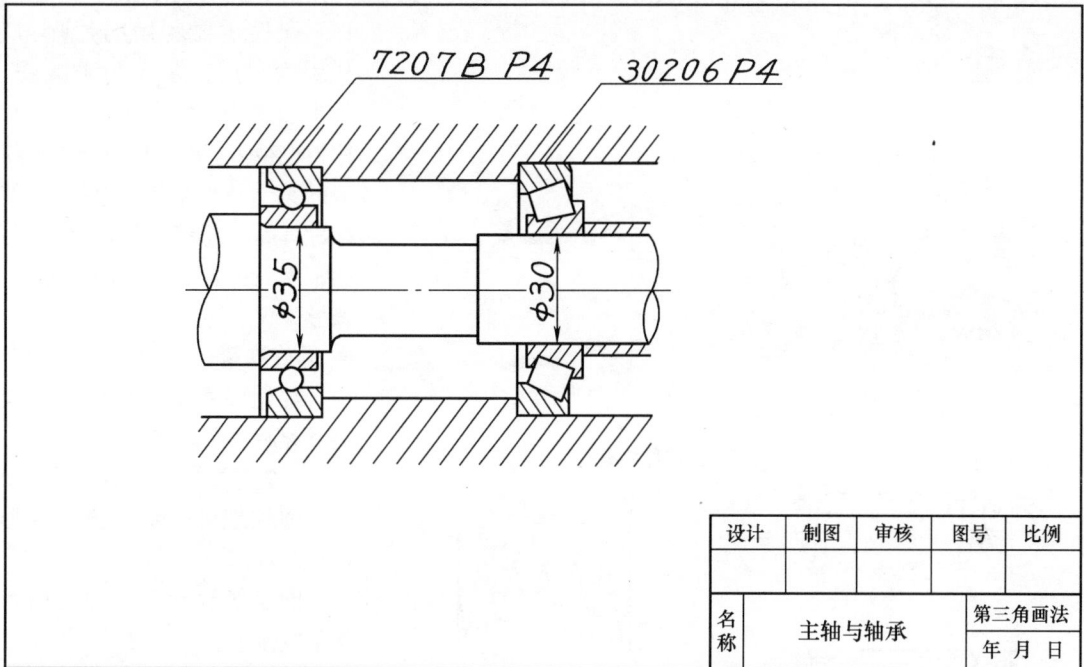

7207B P4   30206 P4

Φ35   Φ30

设计	制图	审核	图号	比例

名称	主轴与轴承	第三角画法
		年 月 日

▲以上是滚动轴承的部分装配图。它对特别必要的地方进行了明确表示，这种滚动轴承所表示的意思如下。

7207BP4= 单列接触角型向心球轴承

（7200），内径尺寸 35mm （07），接触角 40°（B），等级 4 级 （P4）

30206P4= 圆锥滚子轴承 （30200），内径尺寸 30mm （06），等级 4 级 （P4）

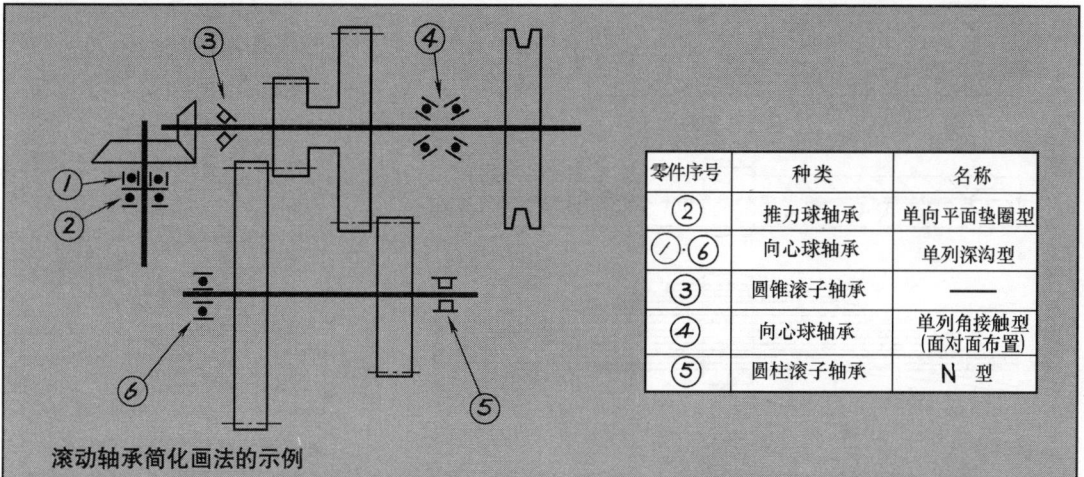

零件序号	种类	名称
②	推力球轴承	单向平面垫圈型
①·⑥	向心球轴承	单列深沟型
③	圆锥滚子轴承	——
④	向心球轴承	单列角接触型（面对面布置）
⑤	圆柱滚子轴承	N 型

滚动轴承简化画法的示例

103

弹簧

弹簧主要利用的是弹力，其用途很广，主要用来减震、负重、测力、储能等，因此其种类也很多。但 JIS B 0004 中规定的只有压缩螺旋弹簧、拉伸螺旋弹簧、扭转弹簧、板弹簧、截锥涡卷弹簧、平面涡卷弹簧、碟形弹簧 7 种。

● 螺旋弹簧

螺旋弹簧是将圆丝或方丝卷成螺旋状而制成的一种弹簧。

螺旋弹簧的种类有以下几种。

圆柱螺旋弹簧：弹簧的形状呈圆柱形。

圆锥螺旋弹簧：弹簧的形状呈圆锥形。

除此之外还有鼓形螺旋弹簧和桶形螺旋弹簧等。

如果按照力的作用方向进行分类可分为以下两种。

螺旋压缩弹簧：承受的压缩负荷沿线圈的轴线方向。

螺旋拉伸弹簧：主要承受拉伸负荷。

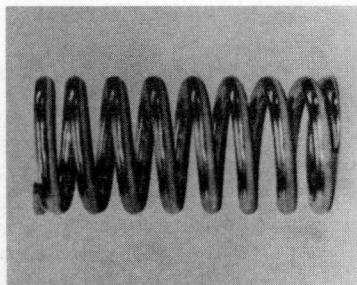
▲压缩弹簧

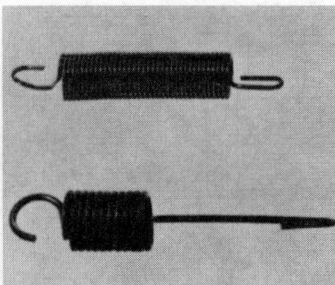
▲拉伸弹簧

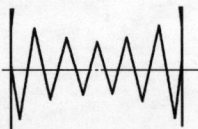
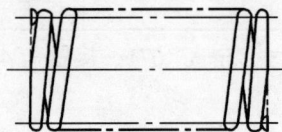
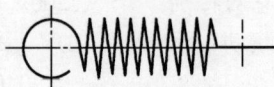
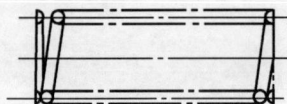
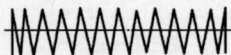
▲弹簧的简图（左）与示意图（右）

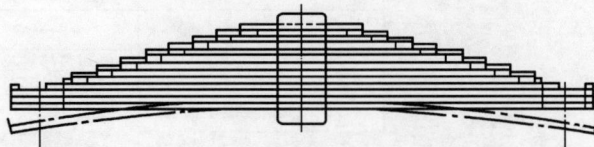
▲板弹簧

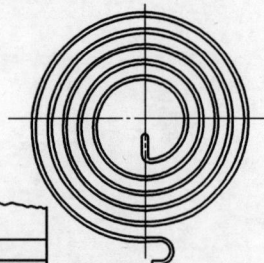
▲平面涡卷弹簧

104

除此以外还有承受扭转作用的扭转弹簧和把大小两个螺旋弹簧组合使用的双螺旋弹簧。

● **板弹簧**

板弹簧是将数枚弹簧钢板重叠起来制成的弹簧，常用于有轨车辆、汽车的车体上以减少车辆在行走中给车体带来的振动和冲击。

● **截锥涡卷弹簧**

截锥涡卷弹簧是将长方形剖面的平钢沿中心线卷成平行的圆锥状而制成的弹簧，看上去呈竹笋状。

● **平面涡卷弹簧**

是一种呈平面涡卷状的弹簧，常作为钟表、唱机的原动力使用，这时这种弹簧叫做发条。

● **一般的弹簧图样**

弹簧根据其种类和使用目的的不同，图样中标注的尺寸也各种各样，在 JIS 中并没有对要记入参数表的项目进行特别规定。但是为了加工的方便，尽量不要省略一些必要的项目。

要使弹簧图样规范、易懂，首先必须要在零件图的参数表中记入弹簧的材料、材料的直径、弹簧的平均直径、内径及外径、有效圈数、节距、螺旋方向等，除此之外还要将弹簧的自由长度、安装时的长度、弹性系数、最大试验负荷量以及表面处理等参数记入参数表中。

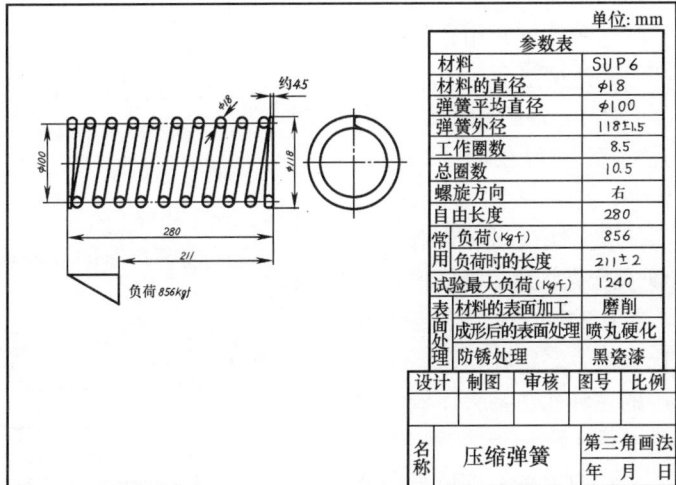

单位: mm

参数表	
材料	SUP6
材料的直径	$\phi18$
弹簧平均直径	$\phi100$
弹簧外径	118 ± 1.5
工作圈数	8.5
总圈数	10.5
螺旋方向	右
自由长度	280
常 负荷(Kgf)	856
用 负荷时的长度	211 ± 2
试验最大负荷(Kgf)	1240
表 材料的表面加工	磨削
面 成形后的表面处理	喷丸硬化
理 防锈处理	黑瓷漆

设计	制图	审核	图号	比例

名称	压缩弹簧	第三角画法
		年 月 日

▲ **压缩线圈弹簧的图样**

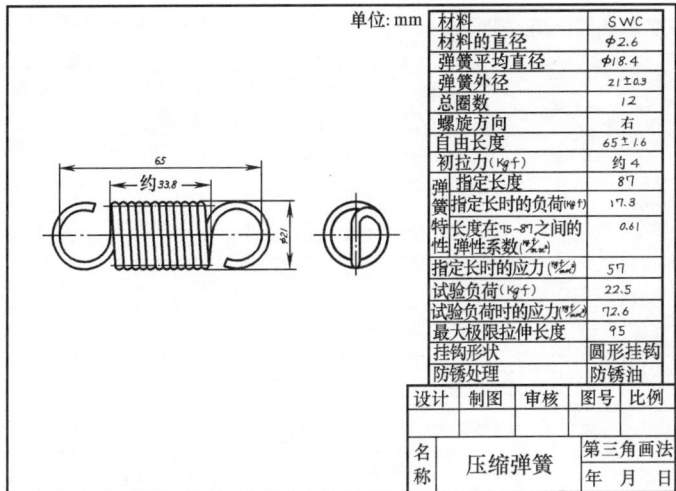

单位: mm

材料	SWC
材料的直径	$\phi2.6$
弹簧平均直径	$\phi18.4$
弹簧外径	21 ± 0.3
总圈数	12
螺旋方向	右
自由长度	65 ± 1.6
初拉力(Kgf)	约4
弹 指定长度	87
簧 指定长时的负荷(Kgf)	17.3
特 长度在75~87之间的弹性系数(Kgf/mm)	0.61
性 指定长时的应力(Kgf/mm²)	57
试验负荷(Kgf)	22.5
试验负荷时的应力(Kgf/mm²)	72.6
最大极限拉伸长度	95
挂钩形状	圆形挂钩
防锈处理	防锈油

设计	制图	审核	图号	比例

名称	压缩弹簧	第三角画法
		年 月 日

▲ **拉伸线圈弹簧的图样**

机床和工具柄用自夹圆锥（锥度）

这种圆锥常用在机床或工具的连接部。

图中出现的锥度及斜面的尺寸标注已经在48页进行了说明，但作为标准部件使用的零件锥度都有一定的规格。

● **莫氏圆锥度**（锥度）

JIS B 4003 中规定的莫氏圆锥主要用在车床、钻床等的主轴孔，钻头、铰刀的柄部及套筒上。

约 1/20 的锥度值根据公称直径大小的不同，其种类有从 No.0～No.7 共 8 种，而且每个锥度值都有一定的变化。

● **布朗夏普圆锥**（锥度）

虽说 JIS 中对其没有规定，但其依然广泛地使用在铣床、镗床及各种刀具的柄部上。

其锥度值统一为 1/24（只比 No.10 稍大），其种类从 No.1～No.18。但一般刀具的刀柄上使用的大约只有 No.4～No.7 几种。

莫氏锥度与布朗夏普锥度都经常使用在刀具的刀柄上，它们的锥度值也很相近，有时会发生错误地将套筒嵌入使用的情况，所以要注意。

● **国家标准圆锥**（美国国家标准锥度）

这种锥度有 6 种，常作为铣床的主轴孔锥度使用，但常用的有 No30、40、50、60 共 4 种。其锥度值 7/24 稍大，由于仅使用圆锥难以固定，所以要使用螺钉进行固定。

除此之外作为标准件使用的圆锥还有在小型铣床的主轴上使用的锥度值为 1/20 的贾诺圆锥、德国规格的机床上使用的锥度值为 1/12 的米制圆锥和钻夹头用的雅各布圆锥等。

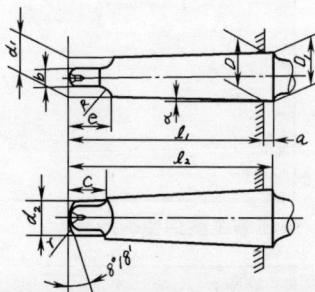

JIS B 4003（单位：mm）

▼ 莫氏圆锥柄（带旋钮）

莫氏圆锥代号	锥度		锥度角 α	D	a	$D_1^{(1)}$（约）	$d_1^{(2)}$（约）	l_1（最大）	l_2（最大）	d_2（最大）	b	c（最大）	e（最大）	R	r
0	$\frac{1}{19.212}$	0.05205	1° 29′ 27″	9.045	3	9.2	6.1	56.5	69.5	6.0	3.9	6.5	10.5	4	1
1	$\frac{1}{20.047}$	0.04988	1° 25′ 43″	12.065	3.5	12.2	9.0	62.0	85.5	8.7	5.2	8.5	13.5	5	1.2
2	$\frac{1}{20.020}$	0.04995	1° 25′ 50″	17.780	5	18.0	14.0	75.0	90.0	13.5	6.3	10	16	6	1.6
3	$\frac{1}{19.922}$	0.05020	1° 26′ 16″	23.825	5	24.1	19.1	94.0	29.0	18.5	7.9	13	20	7	2
4	$\frac{1}{19.254}$	0.05194	1° 29′ 15″	31.267	6.5	31.6	25.2	117.5	154.0	24.5	11.9	16	24	8	2.5
5	$\frac{1}{19.002}$	0.05263	1° 20′ 26″	44.399	6.5	44.7	36.5	149.5	116.0	35.7	15.9	19	29	10	3
6	$\frac{1}{19.180}$	0.05214	1° 29′ 36″	63.348	8	63.8	52.4	210.0	298.0	51.0	19.0	27	40	13	4
7	$\frac{1}{19.231}$	0.05200	1° 29′ 22″	83.058	10	83.6	68.2	286.0	296.0	66.8	28.6	35	54	19	5

销

JIS 中规定的销有圆柱销、圆锥销、开口销、弹簧销 4 种。

圆柱销用于联接或固定两个零件，来保证两零件相互位置的准确性。其种类有 A 型和 B 型 2 种，A 型的两端面根据销的直径大小有 C0.2～C3 的倒角，B 型与直径有同尺寸的倒圆。公称直径的尺寸公差有 m6 与 h7 两种，加工面粗度为 ▽▽▽ 的 3S 或 6S。

圆锥销的锥度为 1/50，两端面与直径有相同尺寸的倒圆。

其安装端要用锥形铰刀等加工以后再顺着锥度方向打入，这样齿轮、手轮、带轮等的轮毂就能很简单地固定到轴上。考虑到拆卸时的方便，圆锥销一般都要在轴向两侧有一定的凸出量。圆锥销的直径使用小头直径表示。

开口销用来防止零件的旋转、松动，开口销插入孔之后要把其尾部分开以防止其脱落。

弹簧销的外径平行，沿中心孔的一个切槽起到弹簧的作用，来达到固定的目的。

切槽的宽度要保证弹簧销装入孔内后切槽的两边没有接触。

▼圆柱销的公称直径（mm）×长度（mm）

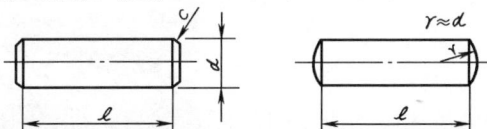

公称直径 d		1	1.2	1.6	2	2.5	3	4	5	6	8	10	13	16
尺寸公差	m6		+0.009 +0.002					+0.012 +0.004			+0.015 +0.006		+0.018 +0.007	
	h7		0 −0.009					0 −0.012			0 −0.015		0 −0.018	
C			0.2			0.4			1				1.5	
l		3~12	3~16	4~20	5~25	5~25	6~32	8~40	10~50	12~63	14~80	18~100	22~100	25~125

● 公称直径 1~50 有 18 种。
● 表面粗糙度为 ▽▽▽。
● 长度 l 为整数，也有的尺寸在规定中没有。

▼圆锥销的公称直径（mm）×长度（mm）

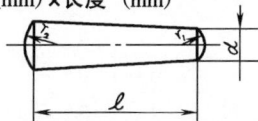

公称直径 d	0.6	0.8	1	1.2	1.6	2	2.5	3	4	5	6	7	8
尺寸偏差	+0.018 0		+0.025 0						+0.030 0			+0.036 0	
l	4~10	5~14	6~16	8~18	10~25	12~28	14~36	16~50	18~63	25~70	28~80	32~100	36~125

● 公称直径 0.6~50 有 21 种。
● 表面粗糙度为 ▽▽▽。
● 端部的圆角 r_1、r_2 分别与两端的直径相等。

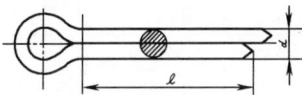

▲开口销

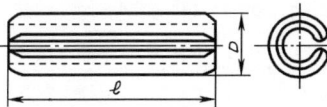

▲弹簧销

键

为了将轮毂固定在轴上，在轴与轴套上都加工有键槽，键槽中嵌入的这种有方形剖面的键总称埋头键。

在埋头键中，有 1 型平键与 2 型平键、楔键及钩头楔键 4 种。

平键正如其字面意思是没有斜度的键。按照加工精度，1 型属于精密级，2 型属于普通级。

楔键是有 1/100 锥度的键，带钩头的楔键叫做钩头楔键。

键的标记方法要按照以下的顺序：

键的名称—公称尺寸宽度×高度×长度

在埋头键中还有半圆键、滑键等。

▼平键

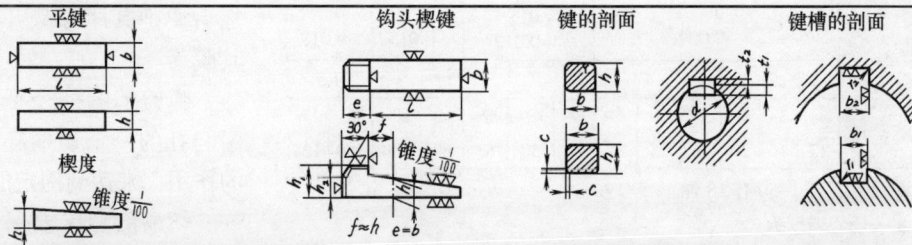

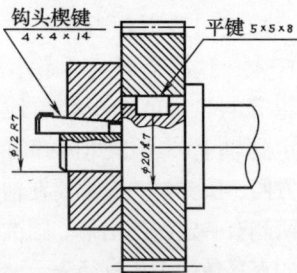

▲轴与齿轮的键联结装配图

▼ 常用键及键槽的尺寸表

键的公称尺寸 $b \times h$	相对应的轴径 d	平键的尺寸			楔键的尺寸					键槽的尺寸			
		b	h	r,c	b	h	h_1	h_2	r, c	b_1, b_2	r_1, r_2	t_1	t_2
4×4	10~13	4	4	0.5	4	4.2	7	4	0.5	4	0.4	2.5	1.5
5×5	13~20	5	5	0.5	5	5.2	8	5	0.5	5	0.4	3	2
7×7	20~30	7	7	0.5	7	7.2	10	7	0.5	7	0.4	4	3
10×8	30~40	10	8	0.8	10	8.2	12	8	0.8	10	0.6	4.5	3.5
12×8	40~50	12	8	0.8	12	8.2	12	8	0.8	12	0.6	4.5	3.5
15×10	50~60	15	10	0.8	15	10.2	15	10	0.8	15	0.6	5	5
18×12	60~70	18	12	1.2	18	12.2	18	12	1.2	18	1.0	6	6
20×13	70~80	20	13	1.2	20	13.2	20	13	1.2	20	1.0	7	6
24×16	80~95	24	16	1.2	24	16.2	24	16	1.2	24	1.0	8	8
28×18	95~110	28	18	1.2	28	18.2	38	18	1.2	28	1.0	9	9

铆钉

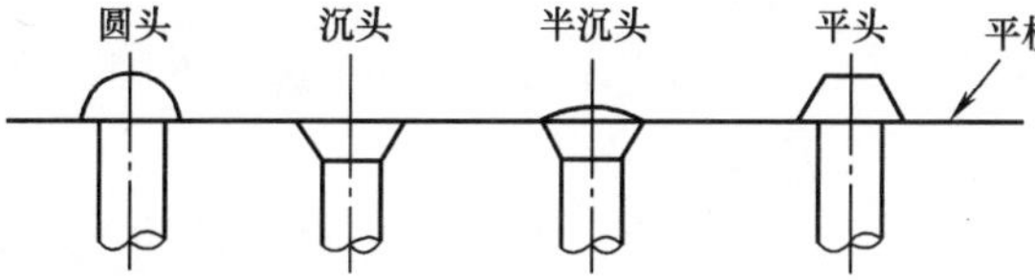

圆头　沉头　半沉头　平头　平板面

▲铆钉的种类

铆钉用于钢板等物体的连接，其种类有冷轧成形铆钉和热轧成形铆钉两种。

冷轧成形铆钉只限用于直径小于 13mm 的小孔径，孔径超过 13mm 的要使用热轧成形铆钉。

JIS B 1214 中规定热轧成形一般用的钢铆钉有四种，直径为 10 ~ 40mm。

根据钉头形状的不同，铆钉可分为圆头铆钉、沉头铆钉、半沉头铆钉和平头铆钉 4 种。

如果在图样中将大量的铆钉都按照其实际形状进行描绘会很困难。所以当画剖视图时可以只画出其中心线，当画平面图时可以用铆钉的钉头符号表示。

土木工程制图标准（JIS A 0101）中规定的铆钉符号有两种：一种是在工厂批量生产的工厂制铆钉，一种是在车间现场加工的现场制铆钉。

铆钉孔的尺寸要按照孔径、铆钉的公称直径、间距的顺序进行标记。

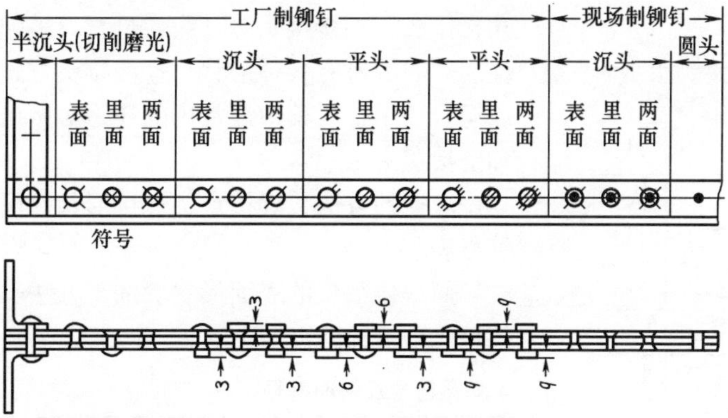

▲铆钉的表示符号

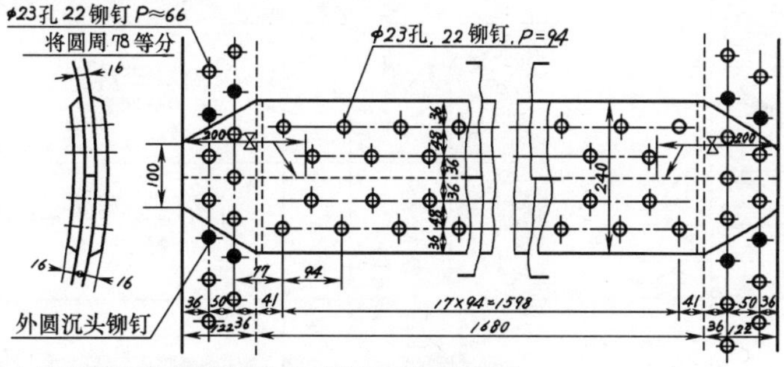

▲使用铆钉铆接锅炉铸板时的尺寸标注实例

焊接 焊接接头的形状与符号

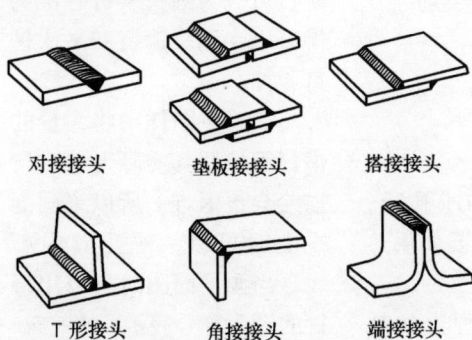

对接接头　　垫板接接头　　搭接接头

T形接头　　　角接接头　　　端接接头

▲焊接坡口的种类

▼焊接的种类·形状·符号

焊接方法	焊接种类		形 状		符号
			单面	双面	
电弧焊与气焊	坡口焊接	双卷边形			八
		单卷边形			八
		I　　形			〓
		V　　形			V
		X　　形			
		U　　形			Y
		H　　形			
		レ　　形			レ
		K　　形			
		J　　形			レ
		双面J形			
		喇叭V形 喇叭X形			Y
		喇叭レ形 喇叭K形			レ
	角焊	连续			△
	塞焊,槽焊				⊓
	封底焊				◠
电阻焊	点焊 凸焊 缝焊				✳

做为永久性连接金属的方法，焊接的使用范围非常广。

焊接是用高温对金属进行加热，使其局部熔化的一种连接方法。其种类有电弧焊、气焊、电阻焊等。

其中的电弧焊几乎已经代替了原来的铆接方式而广泛地使用在建筑物、船舶上。

一般使用的有代表性的焊接接头有对接接头、垫板接接头、搭接接头、T形接头、角接接头、端接接头等。为使母材（被焊接金属）的端口有各种形状，这些接头方式可以组合使用，但其中最常用的还是对接接头和搭接接头。

焊接的方法、焊接点、焊接形状都可用符号表示。

而焊接部位的表面形状、加工方法、焊接场所则由辅助符号决定。

▼焊接符号及辅助符号

区　分		辅助符号	备　注
焊接部位的表面状况	平面 凸面 凹面	─ ⌒ ⌣	向基线外凸起 向基线外凹陷
焊接部位的加工方法	錾平 磨削 切削	C G M	当加工方法没有特别要求时用符号F表示
	现场焊接 周围焊接 现场周围焊接	▶ ○ ◉	当明确是整体焊接时可以省略

▼ 主要焊接接头的符号

序号	焊接部位	实际形状	图示	序号	焊接部位	实际形状	图示	序号	焊接部位	实际形状	图示
	I 形坡口焊接		符号 ‖		∟形坡口焊接		符号 ∨		喇叭形 喇叭形	坡口焊接	符号 ⼧ ⼦
1	箭头侧 或正面			10	箭头侧 或正面			19	箭头侧 或正面		
2	非箭头 侧或反面			11	非箭头 侧或反面			20	双面		
3	双面				K 形坡口焊接		符号 K		角焊(连续型)		符号 ◁
	V 形坡口焊接		符号 ∨	12	双面			21	箭头侧 或正面		
4	箭头侧 或正面				J 形坡口焊接		符号 ⼃	22	非箭头 侧或反面		
5	非箭头 侧或反面			13	箭头侧 或正面			23	双面		
	X 形坡口焊接		符号 ✕	14	非箭头 侧或反面				角焊(断续型)		符号 ◁-p ◁-p
6	双面			15	双面			24	箭头侧 或正面		
	U 形坡口焊接		符号 ∪		喇叭 V 形 喇叭 X 形	坡口焊接	符号 ⼳	25	非箭头 侧或反面		
7	箭头侧 或正面			16	箭头侧 或正面			26	双面		
8	非箭头 侧或反面			17	非箭头 侧或反面				塞焊		符号 ▽
	H 形坡口焊接		符号 ⼳	18	双面			27	箭头侧 或正面		
9	双面							28	非箭头 侧或反面		

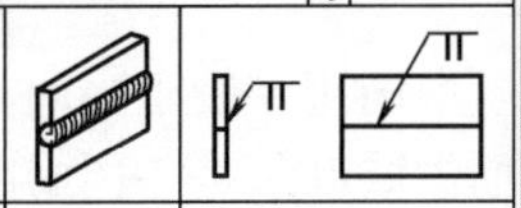

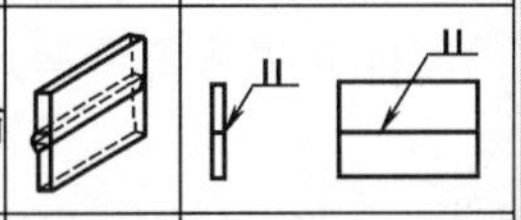

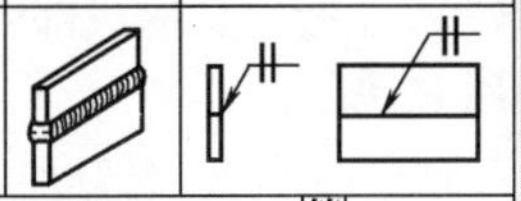

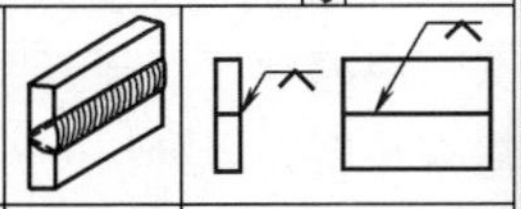

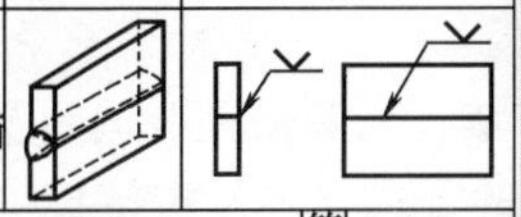

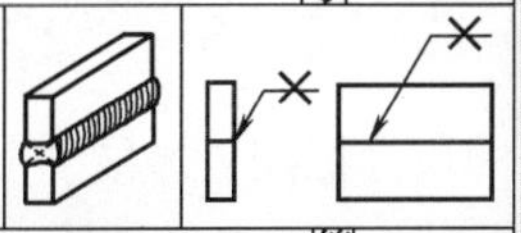

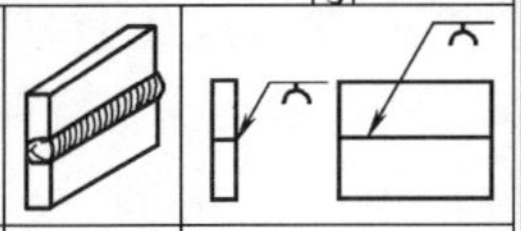

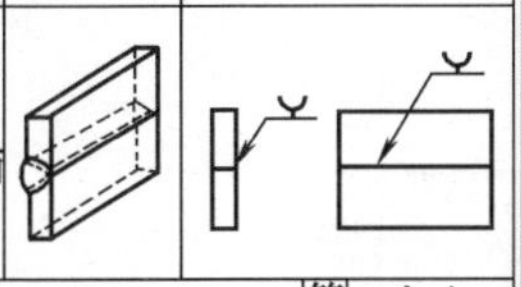

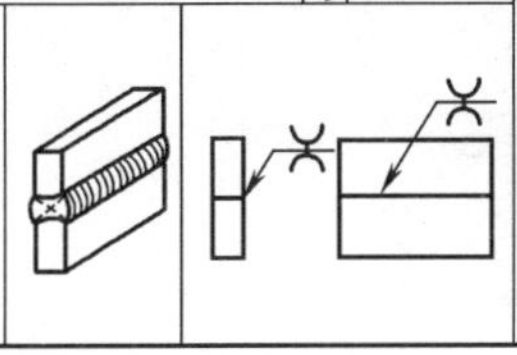

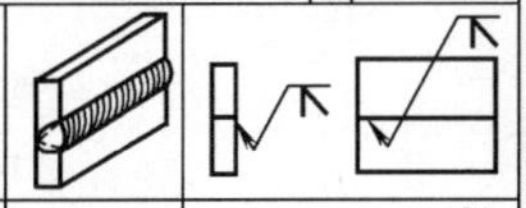

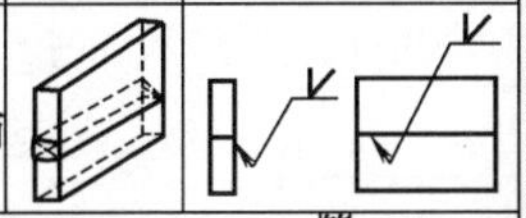

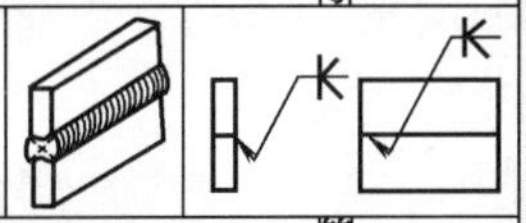

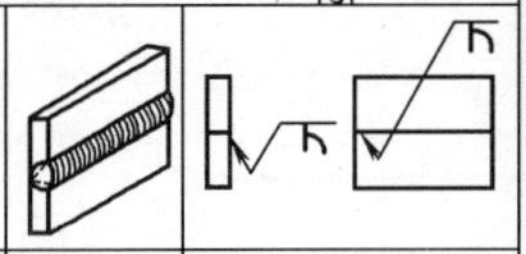

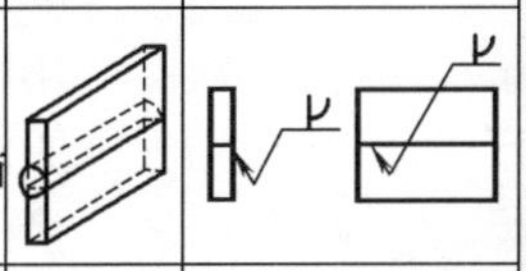

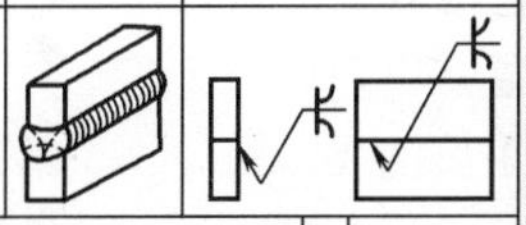

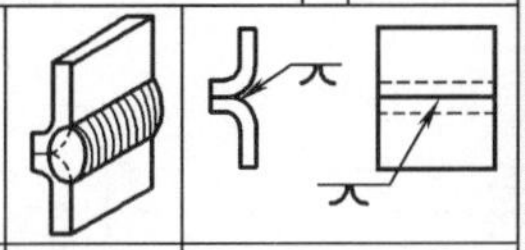

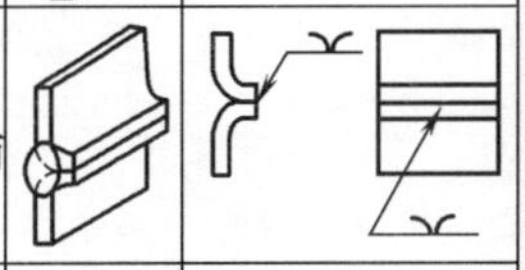

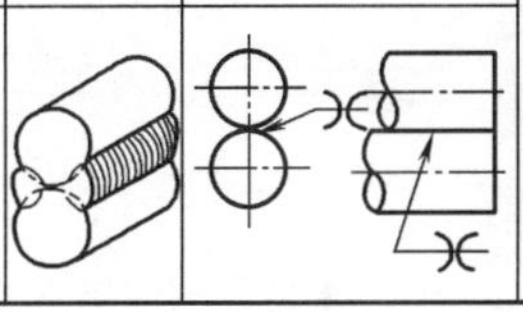

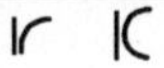

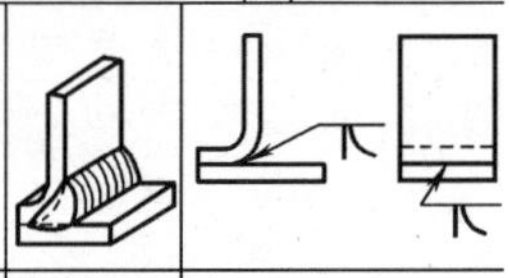

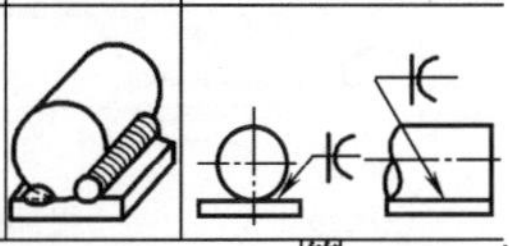

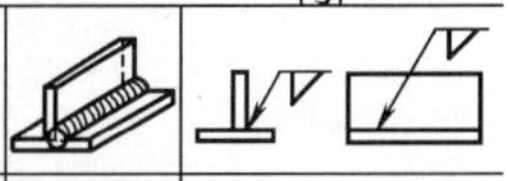

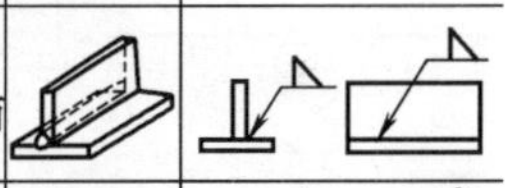

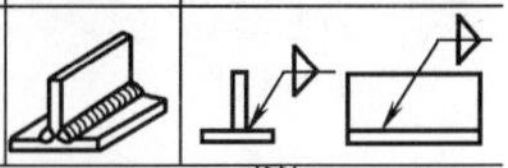

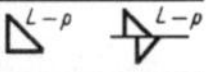

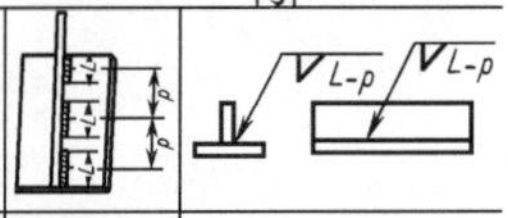

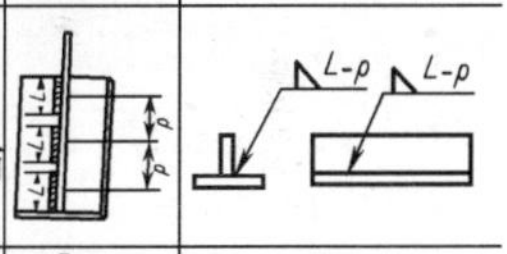

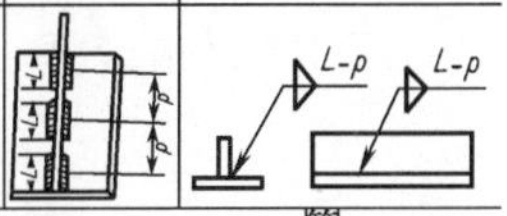

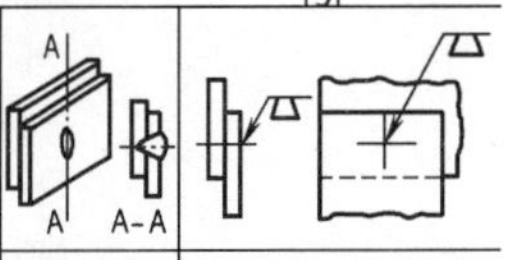

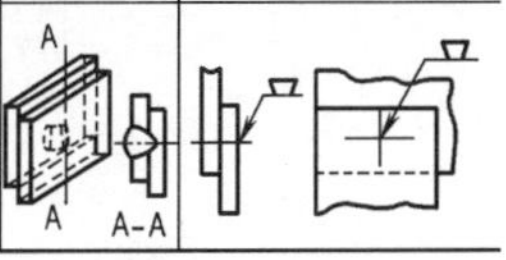

焊接坡口各部分的尺寸和名称

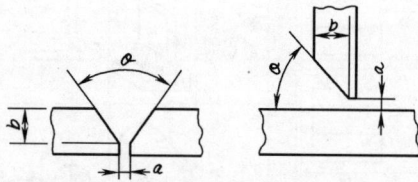

θ：坡口角度　a：根部间隙　b：坡口深度

a)　　　　　　b)

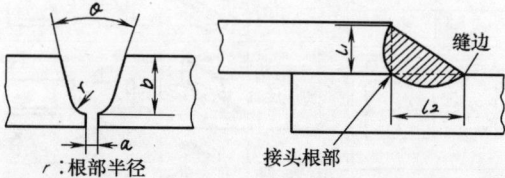

r：根部半径　　　　接头根部

c)　　　　　　d)

▲坡口各部分的名称

将两个部件焊接起来，其连接方式有很多种，而待焊部位的沟槽就叫做坡口。坡口的种类及形状可以参照 110～111 页的表，对于在尺寸标注时所必要的坡口的尺寸和名称，必须熟知。

● **坡口各部分的名称**：两个待焊部件间的沟槽的角度 θ（中国用 d 表示）叫做坡口角，沟槽的深度叫做坡口深度（中国用 H 表示），坡口角底部的间隔叫做根部间隔（中国用 b 表示）。

U 形、H 形、J 形坡口的底部倒圆叫做根部半径(我国用 R 表示)。

角焊的表面交线叫做（焊缝）根部，待焊部件的面与焊接表面的交点叫做（焊缝）缝边。从接头（焊缝）根部到（焊缝）缝边的长度叫做焊脚长度，焊脚长度 l_1 和 l_2 相等时叫做等脚长。

● **角焊的方法**：只要强度能达到要求可以使用断续角焊的方式，当从搭接接头或 T 形接头的两面进行焊接时，可选取对称或交错焊接的方式。

● **焊接接头的尺寸标注**：焊接接头的尺寸标注中要使用指引线作为基准线，这种基准线叫做说明线，JIS 的符号常通过说明线进行标注。基准线为水平线，当需要特别指示时可以在其一端画上 90° 的燕尾符号。

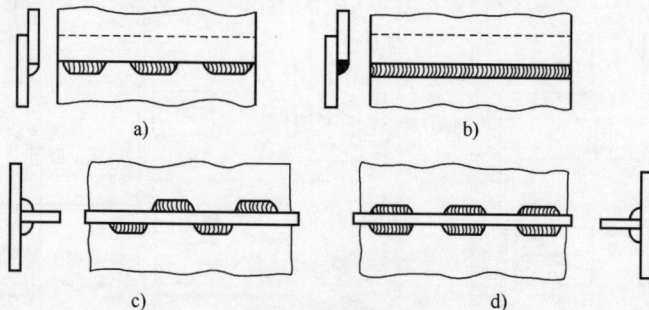

a)　　　　　　b)

c)　　　　　　d)

▲角焊的焊接方法

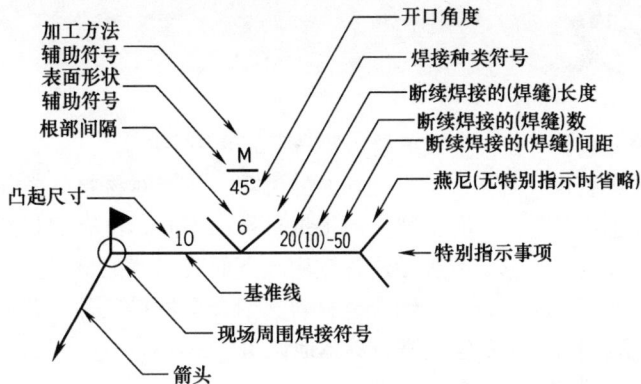

加工方法
辅助符号
表面形状
辅助符号
根部间隔

开口角度
焊接种类符号
断续焊接的(焊缝)长度
断续焊接的(焊缝)数
断续焊接的(焊缝)间距
燕尼(无特别指示时省略)

凸起尺寸

M
45°

10   6   20(10)-50   ← 特别指示事项

基准线
现场周围焊接符号
箭头

▲焊接接头的尺寸标注

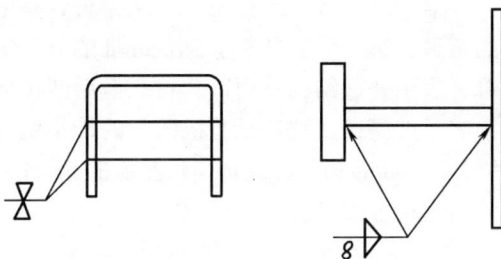

8

▲同时指示两处焊接部的情况

当焊接侧为箭头侧或身体正对面时，符号及尺寸要标注在基准线的下方；当焊接侧为非箭头侧或反面时，符号及尺寸要标注在基准线的上方；当焊接侧为双面时，符号要标注在上下两侧。

在标注焊接符号时，要紧贴基准线，但如果是角焊、封底焊、(焊缝)凸面、塞焊等的符号，与基准线一致的水平部分的线要省略。

当符号绘制在基准线两侧时，对称焊接等的长度及间距尺寸要标注在基准线的上侧；但如果是角焊缝相等的交错焊接，则要标注在基准线的下侧。

现场周围焊接的符号白圆黑色三角旗、周围焊接的符号白圆（见110页）要标注在基准线的端部。

不仅可以画一条基准线，也可以画两条基准线来同时指示两处焊接部。

レ形、K形、J形焊接中，指引线会特意画成折线，这样不仅可以指示坡口面，而且在开坡口部件的一侧画出基准线，也容易让人明白是哪个部件需要进行开坡口。

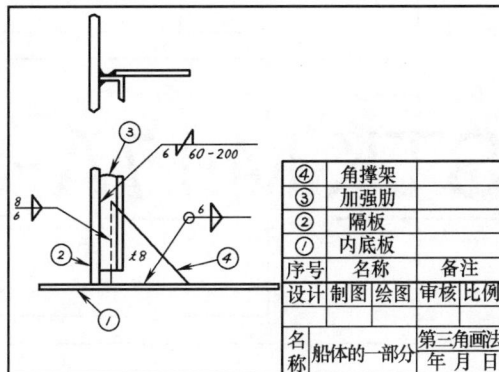

④	角撑架	
③	加强肋	
②	隔板	
①	内底板	
序号	名称	备注
设计 制图 绘图		审核 比例
名称	船体的一部分	第三角画法 年 月 日

▲船体内底板和隔板的焊接结构示例

113

材料牌号的含义

JIS 中规定的金属材料都是通过牌号进行表示，牌号的标记顺序不同其表示的意思也不一样。所以理解了牌号所表示的意思也就明白了材料的种类及其性质。

● 第一顺序文字：表示材料的材质。使用英语、罗马字的开头字母或元素符号表示。

● 第二顺序文字：表示材料的规格名称或制品名称，使用英语或罗马字的开头字母。

● 第三顺序文字：使用数字表示材料的最小拉伸强度、含碳量或种类编号。根据材料的不同，有的材料代号可能只到第三顺序文字就结束了。

● 末尾文字：表示材料的形状、工程、制造方法或材质类别等材料的整体类别。使用数字或英语、罗马字的开头字母。

通过以上的说明，就能对材料的整体有所了解。但根据种类的不同，也有的材料会不遵循这种顺序。下面我们就把材料分成钢材、铜合金材料、铝合金材料三种，并参照实例进行具体地说明。

(1) 钢材

① SS41（普通结构用轧制钢第 2 种）

第一个字母 S 是 Steel 的开头字母，是钢的意思，第二个字母 S 是 Structural 的开头字母，表示普通结构（用）轧材。最后两位数字表示的是通过拉伸试验机测定的最小抗拉强度（kgf/mm^2）[译注]，此时 41 表示的是 41 ~ 52kgf/mm^2 的最小值。

① ② ③

SUS 304-HP

● 热轧不锈钢钢板

- 板材（Plate）
- 热轧（Hot）
- 类别（304 种）
- 不锈钢（Steel special-Use Stainless）

① ② ③

STKM17A-S-H

● 机械（用）碳素结构钢钢管

- 热轧加工无缝钢管
- 材质类别 A 为软质
- 类别（17 种）
- 机械（Machine）
- 碳素结构钢钢管

[译注] 1kgf/mm^2=10MPa。——译者注

114

这种使用数字表示最小抗拉强度的材料有以下几种：

SC42，SF40，FC20，SM50A

②S35C［机械（用）碳素结构钢钢材］

S 为钢（Steel），数字 35 的意思为含碳量，C 表示碳素。

数字 35 是含碳量扩大 100 倍后的数值，而实际的碳的质量分数应该是 35%，但在实际生产中碳的质量分数可以有 ±0.03% 的容许误差，所以其碳的平均质量分数应为 0.32%~0.38%。

③SK2（碳素工具钢第 2 种）

S 为钢（Steel），K 为工具钢的罗马字开头字母，数字"2"表示其种类。

(2) 铜合金材料

①C2600P–¹/₂H（黄铜板）

C 为铜合金，P 为板材（Plate），数字 2600 表示类别，其表示的含义为黄铜中铜与锌成分的比例为

7：3。2700 表示黄铜的比例为 65%，2800 表示黄铜的比例为 60%。

¹/₂H 表示材质类别，H 为硬质，0 为软质，¹/₂H 表示硬质的意思。

(3) 铝合金材料

①A5052TD—H38（铝合金管）

第一个字母 A 为铝（Aluminum）的开头字母，数字 5052 则分别有不同的含义，第 1 位数字 5 用于区别 1~8 的八种主要添加元素，第 2 位数字 0 用于区别 0~9 十个级别的基本合金的变形或杂质的限度，第 3 与第 4 位数字在纯铝中表示纯铝的纯度，在合金中习惯用数字来表示。

TD 表示拉伸管（Drawing Tube），其他形状符号的还有板（P），拉伸棒（BD）等。

H38 为调质的符号，表示一个使内部结构变化的热处理种类。

▼第一顺序文字

代号	名　称
S	钢（steel）
A	铝（Aluminum）
C	铜或铜合金
Bs	黄铜（Brass）
B	青铜（Bronze）
PB	磷青铜（Phosper Bronze）
Z	锌
W	钨或白金属

备注：黄铜 Bs 可以用在黄铜铸件 YBsC 或高强度黄铜铸件上，普通的黄铜都属于铜合金，用代号 C 表示。磷青铜 PB 除了用于磷青铜铸件 PBC 以外，其余的时候也用代号 C 表示。

▼第一顺序文字

代号	名　称
B	棒（Bar）
P	板（Plate）
T	管（Tube）
W	线（Wire）
U	特殊用途钢（Special Use）
UH	耐热钢（Heat–Resisting）
UJ	轴承钢（罗马字）
UM	易切削加工钢（Machinability）
US	不锈钢（Stainless）
UP	弹簧用钢（Spring）
K	工具钢
KH	高速钢（High Speed）
KS	合金工具钢（Special）
KD	磨具钢（罗马字）
NC	镍铬钢
C	铸造件（Casting）
F	锻造件（Forging）
TK	结构（用）碳素钢钢管（罗马字）

▼末尾代号

代号	名　称
–CP	冷轧板材（Cold Plate）
–HP	热轧板材（Hot Plate）
–O	软质
–H	硬质
–F	生产后保持原样
–SR	去除应力

JIS 中主要金属材料的牌号

品　名	类　别	代　号	品　名	类　别	代　号
普通构造 （用）轧钢	第 1 种 第 2 种 第 3 种 第 4 种	SS34 SS41 SS50 SS55	弹簧（用）钢		SUP3 SUP11
机械（用）碳素 结构钢	—	S10C S15C S20C S25C S30C S35C S40C S45C S50C S55C	不锈钢		SUS304 SUS316
			灰铸铁	第 1 种 第 6 种	FC10 FC35
			黑心可锻铸铁	第 1 种 第 4 种	FCMB28 FCMB37
			黄铜板		C2600P C2801P
			易切削加工黄铜棒		C3602BE C3603BD
碳素钢锻件	第 1 种 第 3 种 第 6 种	SF34 SF45 SF60	锻造用黄铜棒		C3712BE C3771BE
			磷青铜	板材 弹簧用	C5101P C5191R
普通构造（用） 碳素钢钢管		STK30 STK50	铜镍锌合金	板材棒	C7351P C7521B
			铍铜	板材棒	C1700P C1720B
机械构造（用） 碳素钢钢管	第 11 种 A 型 第 17 种 A 型 第 17 种 C 型 第 18 种 A 型 第 18 种 B 型 第 18 种 C 型	STKM11A STKM17A STKM17C STKM18A STKM18B STKM18C	青铜铸件	第 3 种	BC3
			铝板	—	A1080P-0 A1200P-H24
			铝合金板	—	A5052P-0 A5052P-H38
琴线（用）钢	A 型 B 型	SWP—A SWP—B	铝合金棒	—	A5056BE-H112 A5056BD-H32
碳素工具钢	第 1 种 第 7 种	SK1 SK7	铝合金管	—	A5052TD-H38 A5056TE-0
合金工具钢	S3 型 S8 型	SKS3 SKS8	铝合金铸件	第 1 种 第 5 种	ADC1 ADC5
高速钢		SKH3 SKH10	白金属	第 1 种 第 10 种	WJ1 WJ10
镍铬钢		SNC236 SNC836	黄铜无缝钢管	—	C2700T-$\frac{1}{2}$H C2700T-H
铬钼钢		SCM432 SCM445	磷脱氧铜板		C1201P-$\frac{1}{4}$H C1221P-H
耐热钢	—	SUH309P SUH330B	珠光体可锻铸铁	第 1 种 第 3 种	FCMP45 FCMP55

正确理解图样

　　前面介绍了识读机械图样的一些基本知识，利用这些知识就可以读懂大多数的机械图样。但当真正进行机械加工时，或许还有不少不知所措、困惑的地方。但接下来所总结叙述的知识对解开这种困惑应该会有很大的帮助。

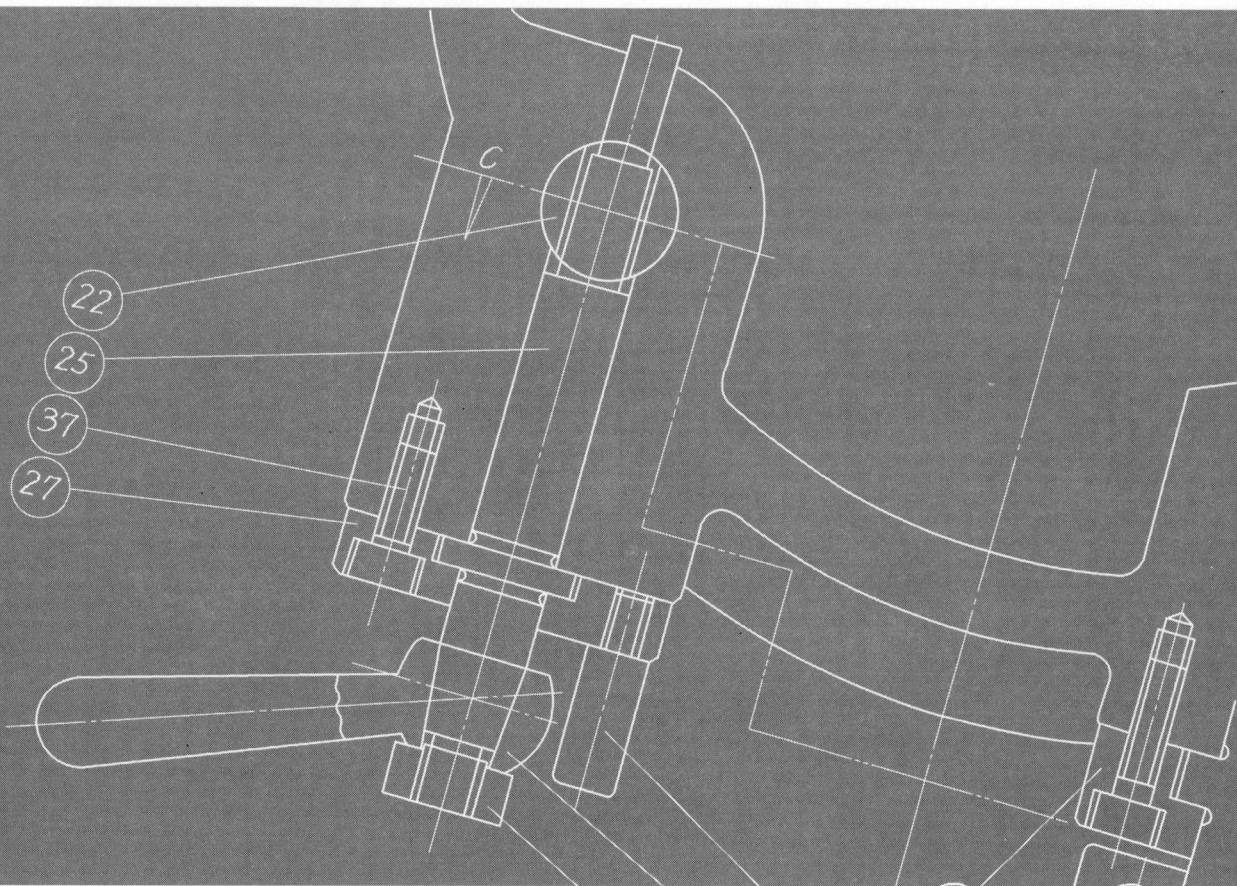

为理解图样内容而进行的分解操作

当加工人员接到图样后，首先会想到的就是如何严格按照图样内容进行加工，其中的一种方法就是对操作进行分解。

根据这种分解操作，就能判断是否真正做到了正确读图。而看完图样之后的分解操作不是想起什么就写上什么（比如顺序、动作、注意事项等），而是要按照一定的样式（分解操作专用纸），在头脑中对操作顺序进行整理后再填写。

以下将对分解操作方法进行说明。

主要工序

分解操作中必须特别注意的地方是"主要工序"和"关键步骤"。

主要工序表示的是按照图样进行加工作业时首先应该做的工序。将这些"应该做的工序"按照操作顺序一个一个写入主要工序栏中就成了操作程序。这时如果所记入的要素过于简略或过于详细都会让人费解，所以

▼ 简单的操作分解表

加工操作名称		零件编号	
所用工具			
序号	主要工序	关键步骤	备 注

为保证操作的顺利进行，最好有一个必要的动作阶段区分。

关键步骤

关键步骤中要记入每个主要工序的具体操作方法。这种关键步骤可以大致分为以下3项。

① 成否：左右操作顺利完成的因素。

② 安全：与作业安全相关的因素。

③ 效率：既然进行操作加工，就要讲求效率。这与加工人员的熟练程度、技能有关。

所有的关键步骤应与以上的3项中的一项相对应。换句话说，作为寻找关键步骤的方法，如果与这3项进行一一对应进行考虑就能发现关键步骤。

在分解操作用纸中填写关键步骤的要领：首先要判断与①成否、②安全、③效率中的哪一项相关，并最先将其编号填入分解操作用纸中。例如，如果关键步骤与成否相关就要填写①，如果与安全相关就要填写②。此外，关键步骤项要与主要工序项相对应。

其他记入事项

下面列举分解操作用纸中应记入的其他事项。

a) 加工零件名（品名、零件代号等）。

b) 材料（材质、尺寸）。

c) 所用的机械、工具。

加工操作名称	划线盘零件		零件编号	B115	
简图			材料尺寸	φ30–40	
			材料	SUMN	
			加工面	▽▽ 一般公差	A
			标准时间	8h 实际时间	7.5h
			加工操作	滚花加工 偏心加工 铰刀加工	
			所用工具	菱形滚花刀,指示表 小型测微仪,φ6 铰刀 #5 现品	

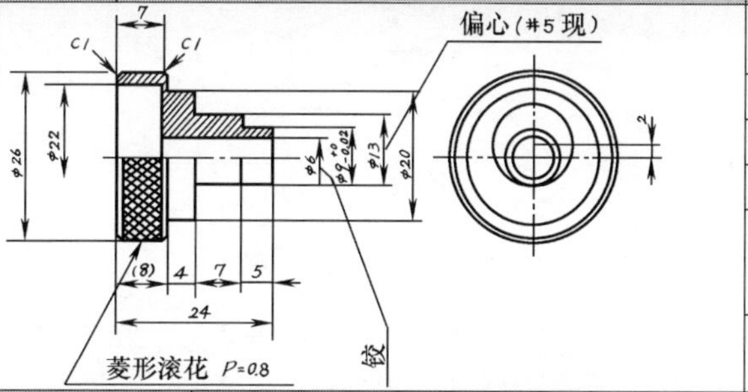

No.	主要工序	关键步骤	备注(简图关键点说明)
1	材料尺寸检查	①③使用游标卡尺检查图示的原料是否可用	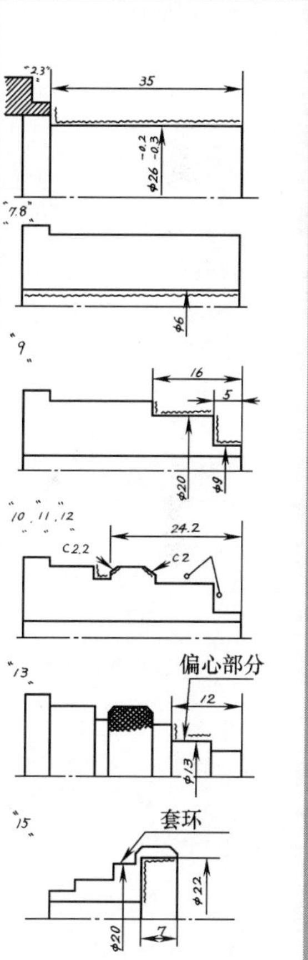
2	装夹	①③材料伸出 35,对出划线盘的中心,注意:对于材料端部的不同心摆动可用木锤敲打来调整	
3	φ26 加工	①③用单刃车刀切完端面后,加工至卡盘爪附近,注意: 0.2~0.3 (500Y.P.m−0.1mm/nev)	
4	中心孔加工	①③用 2mm 的中心钻,注意加工时避免抖动 (900Y.P.m)	
5	侧孔加工准备	①用固定顶尖或回转顶尖用力顶住。注意:刀具盘的夹紧工具也要可靠夹住	
6	滚花加工	①用 P=0.8 的菱形滚花刀,要注意开始时的咬合 (150Y.P.m−0.3mm/nev)	
7	φ5.9 开孔	①用 φ5.9 的钻头,不要抖动,加工深度 l=30 以上(900Y.P.m)	
8	φ6 铰刀加工	①用 φ6 铰刀,使用弹簧顶尖。注意:拔出铰刀时一定要向右旋转	
9	φ9 与 φ20 加工	①用单刃车刀各自加工 l=5, l=16(φ9→900Y.P.m, φ20→500Y.P.m—0.1mm/nev)	
10	切槽	①③用 t=3 的切断车刀,手工进刀切削 l=24.2,深 5,手动进给 (270Y.P.m)	
11	倒角加工	①用尖头车刀加工 2×C1 及 2×C0.1 ①用 φ7 钻头加工内径	
12	偏心加工	用指示表及小型测微仪,操作顺序: 1. 在 φ20 的位置放置指示表时,产生 4mm 振动	
		(卡盘的相邻两爪放松,对面的爪拧紧产生偏心抖动) 2. 在 φ9 部位的主体面上放置	
		小型测微仪用木锤敲打工件来调整。注意:在误差达到 0.02 以内之前反复进行步骤 1 和 2	
13	φ13 偏心部加工	①用单刃车刀加工适合 #5, l=12 (270Y.P.m−0.1mm/nev)	
14	切断加工	①用 t=3 的切断车刀沿上面的槽手工进刀切断 (270Y.P.m)	
15	φ22 加工	①在 φ20 部位的套环倒角部位及切断面要误差在 0.1 以内,并且同心	
		①用车孔车刀加工 l=7,手动进给 (500Y.P.m)	

（单位:mm）

加工操作名称	划线盘零件		零件编号		B117	
简图			材料尺寸		t10×23×199	
			材料		S45C(P)	
			加工面	▽ ▽	一般公差	±0.2
			标准时间	4h	实际时间	4h
			加工操作		切削平面、孔 铰刀加工方孔 练习切削	
			所用工具		立式铣床 套式(空心)铣刀 ϕ6.4, ϕ7.9 钻 ϕ8,铰刀 ϕ6 两个 立铣刀 ϕ10	

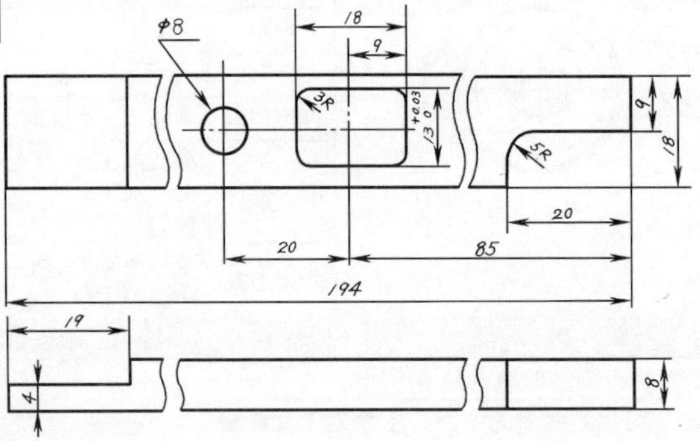

No.	主要工序	关 键 步 骤	备注(简图关键点说明)
1	材料尺寸检查	①③使用游标卡尺及直尺检查图示的材料是否可用	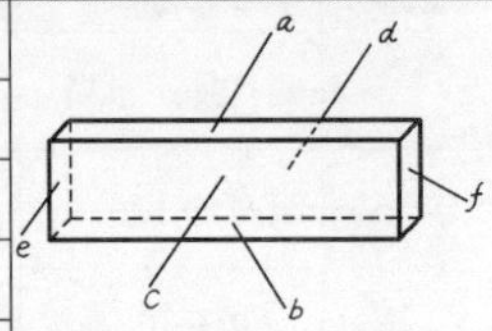
2	装卡在虎钳上	①③平行于基准面	
3	安装套式铣刀	①③装入拧紧式夹具,用扳手紧牢固	
4	切削 a 面	①③切削速度 20m/min,进给量 40mm/min,自动进给	
		①③切削量粗加工 2,精加工 0.2 以内	
5	切削 b 面	参照工序 4,但是需用 150 平的锉去飞边及倒角	
6	c 面粗加工	①③切削量 0.8,其他参照 4	
7	d 面粗加工	参照工序 6	
8	c 面精加工	①③切削量 0.2,其他参照 4	
9	d 面精加工	参照工序 8	
10	e 面精加工	①③从台虎钳端面探出 10 左右,异向铣切	
11	f 面精加工	参照工序 10,但使用 300 的游标卡尺测量	
12	加工 19×4 台阶	①③从虎钳端口探出 21~22,精加工侧面,底面均异向铣切 0.1	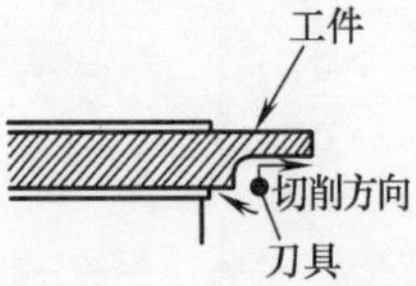
13	加工20×9 豁口 R5	①③用 ϕ10 立铣刀铣削,其他参照 10	
14	划线	①用高度尺划 ϕ8 孔中心线和 13×8 方孔	
15	钻头钻孔 (2处)	①用中心錾在 ϕ8 孔中心线和 13×8 的中心钻坑。粗加工 ϕ6.4,精加工 ϕ7.9	
16	ϕ8 铰刀加工	①③主轴转动停止,准备垂直安装弹簧顶尖	
17	切削方孔	①切削速度 18m/min,一边用量块测量,一边以划线为基准手动铣削	

120

d) 加工操作标准时间

e) 其他（要点、图样、与关键步骤相关的代码、加工代号、自由公差等）。

但以上的事项并不是要全部填写到操作分解用纸中，可以根据加工操作的内容对要填写的事项进行有针对性地选择。

使用简单的加工工序进行表示的方法

使用这种方法要在图样下侧按照工序画出简单的加工顺序图。这也许算不上正规的表示方法，但对于工具图、机械零件图等，当其加工工序很少时，或者这些图样以后将

不再使用时，这种方法在车间中还是经常会用到的。

这种按照零件加工的工序，只填写加工过程中不可或缺的重要加工要素的方法，在熟知加工顺序的基础上不失为是一种更高效、简洁的方法。

L_1～L_5是将车床加工工序中的主要工序和关键步骤写在了工序代号下。

M_V的意思是，将凸半圆成形铣刀安装到分度头上进行$R10$倒圆角加工，并处理好应力集中部位，最后的 F 表示的意思是进行$\phi2.5$的圆锥孔加工（2.5TP）。

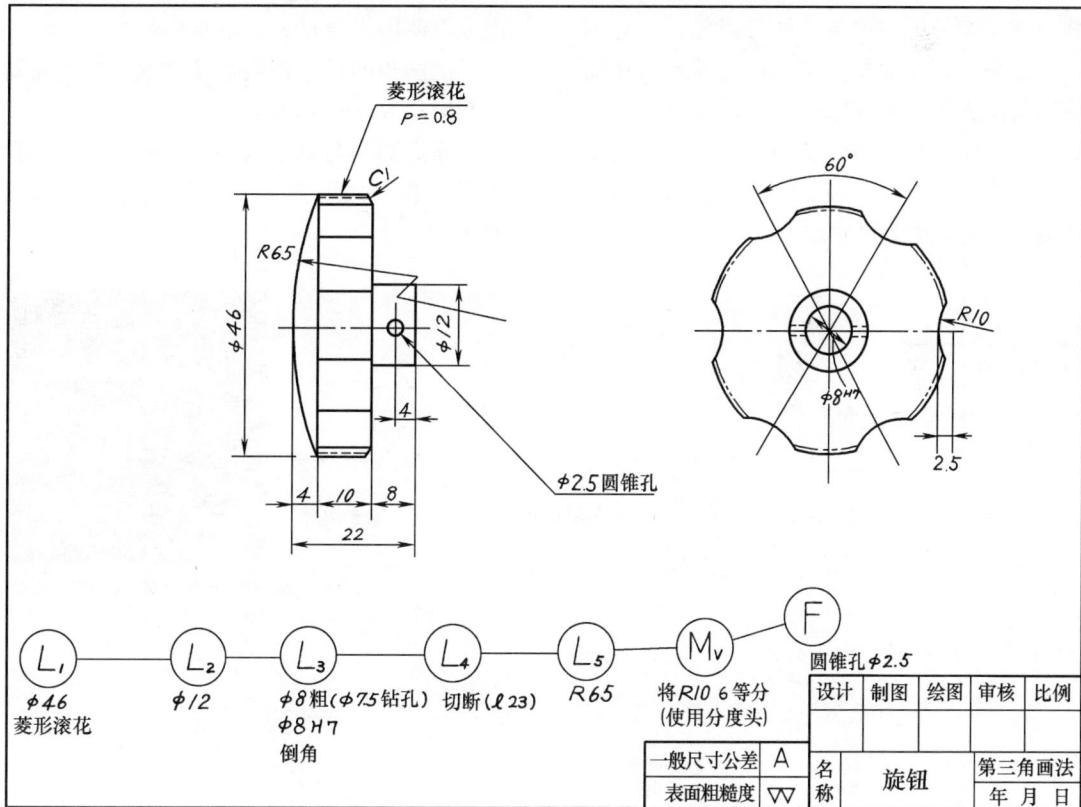

▲使用简单的加工工序进行表示的方法

121

图样上未标注尺寸的确定方法

倒圆角和倒角的尺寸

大多数物品在面与面相交所形成的棱线的角或棱处要进行倒圆角或倒角。

进行倒角与倒圆角有很多好处。如:可以消除凸出棱角的潜在危险性;内倒圆角不仅可以增强材料的强度,在热处理时也可以防止烧裂;而且也可以使外观看上去更美观。

在零件与零件的结合部位一定要进行倒圆角或倒角处理。因为这样可以使内、外倒圆和倒角的相互保持一定的尺寸关系,从而使面与面的结合更加紧密。

对零件进行倒角或倒圆角的加工非常重要,但实际情况是,在有的图样中常没有标注倒圆角或倒角的尺寸。

特别是一些微小倒角的尺寸常被省略,这时就要由加工人员自己进行判断。

根据各个零件的形状、用途的不同,倒角的尺寸大小也各种各样。

倒角的斜度为45°,尺寸值使用倒角延长线上的尺寸表示,需要注意的是这个尺寸表示不是的斜面的长度。除了使用数字表示外,也可以使用代号 C (见 40 页)。

倒圆角的尺寸使用半径 R 表示,通常称作倒圆角 R (见 40 页)。

在倒圆角与倒角的加工中必须要注意两个部件相互结合时的内、外倒角与倒圆角的关系。

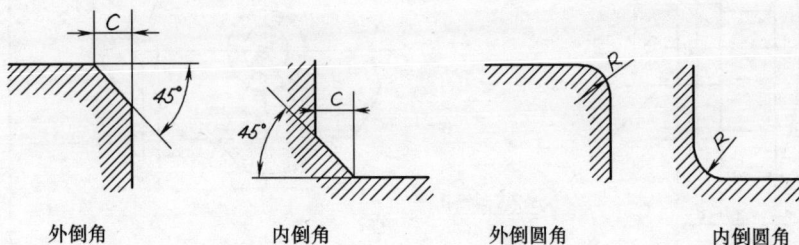

外倒角　　　　内倒角　　　　外倒圆角　　　　内倒圆角

0.1	1	5	25
0.2	1.2	6	30
0.3	1.6	8	40
0.4	2	10	50
0.5	2.5	12	
0.6	3	16	
0.8	4	20	

▲ JIS B 0701中规定的R和C尺寸

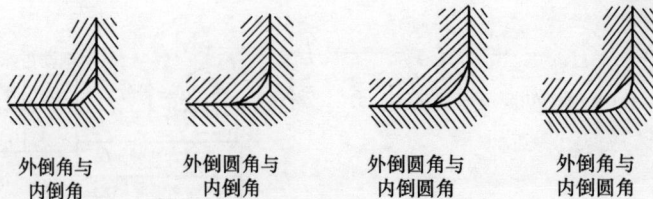

外倒角与
内倒角

外倒圆角与
内倒角

外倒圆角与
内倒圆角

外倒角与
内倒圆角

所以加工人员在进行倒角或倒圆角的加工之前，必须要充分考虑结合部的间隙。

比如键与键槽、轴与轴承等，JIS对此都有严格的规定。

结合部如果相互挤压、没有间隙，也会对精度产生很大的影响。

微小倒角的尺寸

微小倒角正如其字面意思，它是较小的倒角，而且通常不标注在图样中。但除了明确标注的以外，一些未标注的地方也一定要进行微小倒角。

微小倒角的大小根据表面粗糙度的不同多少会有些差异，但一般微小倒角的大小都在 $C0.1 \sim C0.3$ 之间。例如：车床或铣床加工的面，要使用车刀或细纹锉进行大小为 $C0.1 \sim C0.3$ 的微小倒角；而如果是磨削面，要使用磨石加工出 $C0.05 \sim C0.1$ 的微小倒角。

微小倒角与去飞边、去飞翅（毛刺）不同，但通过微小倒角可以达到去飞边的目的。

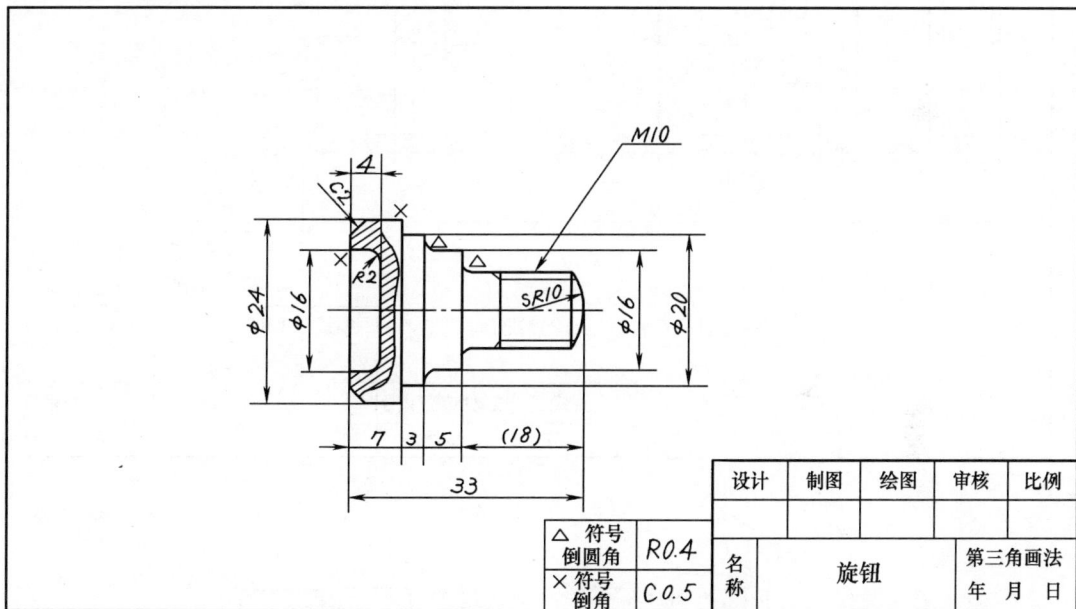

| △ 符号 倒圆角 | R0.4 |
| × 符号 倒角 | C0.5 |

设计	制图	绘图	审核	比例

| 名称 | 旋钮 | 第三角画法 |
| | | 年 月 日 |

▲请注意上图有倒角和倒圆角尺寸标注的地方。虽然是车床加工的零件图，但它使用了符号×和△分别对 $C0.5$ 的倒角和 $R0.4$ 的倒圆角进行归纳图示。所以，假如一张图样中有数个尺寸大小相同的倒角或倒圆角，通常会采用这种归纳图示的方法。除此之外标注有倒圆角或倒角尺寸的地方就剩下 $C2$、$R2$ 及球面 $R10$（$SR10$）了，但不单单是这几处，还有两处是没进行尺寸标注的角，它们也必须进行微小倒角，所以一定注意不要把它们遗漏了。

还需要注意，要不要进行内倒圆角的问题（如上图），因为此处所使用的车刀不同。例如当 $R0.4$ 为内倒圆角时，就要使用硬质合金车刀。

省略的尺寸

在使用刀具加工的图样中，常见到一些图样会省略其一些形状尺寸，而这些省略的尺寸要由加工人员自己判断。如果将这些省略的尺寸都标注上的话，图样将会变得很复杂，而且根据公司的不同，有些尺寸也要商讨后再确定，所以进行了省略。当加工人员难以判断时，可以请设计人员进行确认。

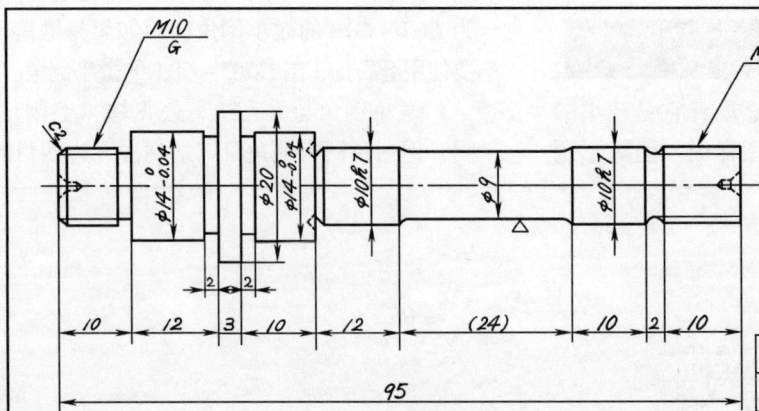

淬火(HRC60～62)后磨削

1	SKS₂	10	
序号	材质	个数	备注
设计	制图	绘图	审核	比例

一般公差	表面粗糙度代号	名称	第三角画法
A	▽▽▽		年 月 日

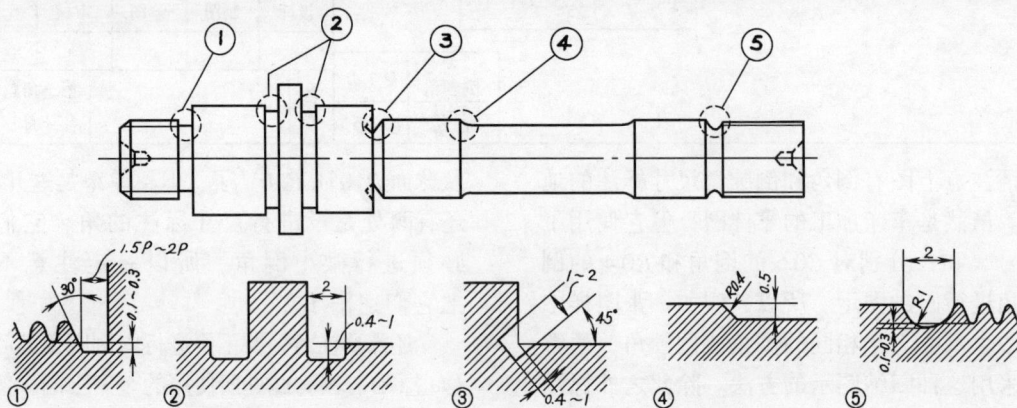

螺纹倒角的尺寸

由于切削加工的螺纹，在其切削的开始部位与结束部位会出现飞边，所以要进行倒角。在标注的是普通45°倒角时，要按照标注的尺寸进行加工，而不需要特殊的螺纹倒角加工。

例如使用车床进行螺纹切削加工时，螺纹车刀进刀比螺纹小径稍微深一点，角度应与螺纹角度相同。而普通螺纹的螺纹倒角为30°。

当使用钻头加工出预（钻）孔后再用丝锥加工时，要使用比内螺纹的标称直径稍大的钻头，并事先利用其118°的钻尖角加工出螺纹倒角后，再进行丝锥加工。

◀左图中，有数个没有进行尺寸标注的地方。请特别注意径向、凸缘和角的尺寸省略部分。有的标注了宽度尺寸，但省略了径向尺寸。

那么，下面就利用图示对尺寸省略部分单独进行说明。

① 是螺纹（M10）的尺寸省略。其宽度根据螺距的不同而异，在未标注的情况下，一般为螺距的 1.5 ~ 2 倍。图中螺距为 1.5mm，所以间距应为 2.25 ~ 3mm。其深度一般为螺纹小径的 0.1 ~ 0.3 倍。而螺纹侧端面通常与螺纹倒角一起进行 30°的倒角。

② 是径向尺寸的省略。这张图样中，对其部分宽度尺寸进行了标注，但在没有标注之处，其尺寸大小要使内倒圆角可以进得充分磨削，一般应为 1 ~ 2mm。深度应为外径的 0.4 ~ 1 倍。

③ 是在端面与外径相交的棱线中心处45°倾斜槽的尺寸省略。这种省略的特点是，端面方向与外径方向的尺寸可以同时省略，它通常使用在外径和端面都需要磨削加工时。

④ 当轴的纵向很长且直径不变化时，其中间部分尺寸可以省略。图中为了保证轴的强度，要进行内倒圆角加工。如果其深度尺寸没有标注，一般应为 0.2 ~ 0.5mm，注意不要过深。

⑤ 是外径与螺纹部交点处的尺寸省略，深度与①中的相同，为小螺纹的 0.1 ~ 0.3 倍。

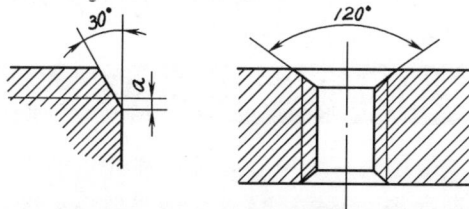

▲车削螺纹倒角　　▲钻头预钻螺纹倒角

中心孔的尺寸

中心孔尺寸在图样中标注的很少，其尺寸大多数都要由加工人员自己判断。即使在图样上没有标注要开中心孔，但在加工过程中，开中心孔可以使加工变得更容易。如果没有造成零件使用上的不便，在得到设计人员的许可下，可以开中心孔。

根据 JIS B 1011 中心孔的角度尺寸有 60°、75°、90°三种，分别是 A 型（普通型）、B 型（倒角型）、C 型（埋头型）。当为 60°时，其公称直径为 0.5 ~ 12mm。中心孔的公称要按照角度·名称·种类·公称直径（d）的顺序。

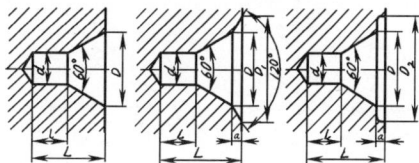

▲60°中心孔 A 型　　60°B 型　　60°C 型

需要通过计算得出的尺寸

如果图样中的一些尺寸需要通过计算才能得到，就会给加工人员造成不便。因此这种图样就不能称为是一份好的图样。图样设计者对加工工序理解不深，往往就会出现那种需要通过计算才能得出的尺寸。

在这种情况下，就需要计算出正确的尺寸数值。

角和圆的关系尺寸

下图是一个中心有螺纹和开口的正方形断面图。其中，螺纹切削需要在车床上进行。

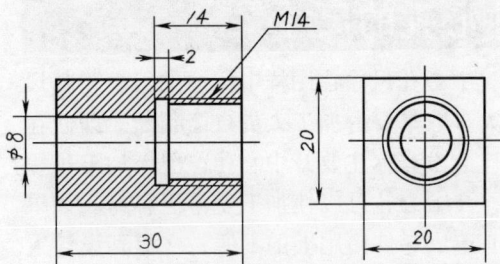

为加工 20×20 的正方形，首先要加工一个有一定直径的外接圆杆。因此，必须使用三角函数计算出直径。即

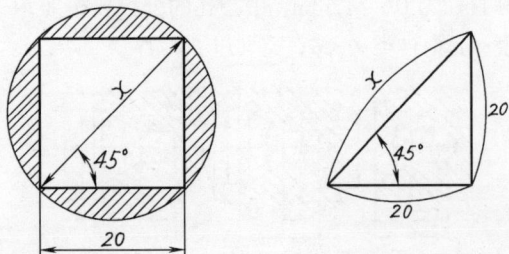

$\cos45° = 20/x$

$x = 21 \div \cos45° = 20 \times \sec45°$

$\quad = 20 \times 1.4142 = 28.284$

所以 x（直径）为 28.3mm。

再举一个例子。下图是螺钉和螺母组合使用的图样，请认真看。

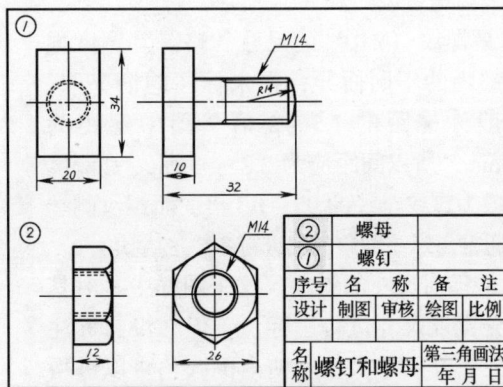

②	螺母		
①	螺钉		
序号	名　称		备　注
设计	制图	审核	绘图 比例
名称	螺钉和螺母		第三角画法
			年 月 日

单独看这个图样上的尺寸，至少还有 3 个地方的尺寸需要通过计算得出。

首先是需要计算零件编号①螺钉 20×34 角的外接直径尺寸（a）。然后要计算出部件编号②六角螺母的外接直径尺寸（b）。再次，要计算出零件编号①的螺纹端头部（$R14$）的螺尾部的尺寸（c）。

需要求的数值 a、b、c 也可以用三角函数计算出来。

● a 的求法

① 根据 $a = \sqrt{34^2 + 20^2}$

毕达哥拉斯定律求法。

角度	30°	45°	60°
sin	$\frac{1}{2}$=0.5	$\frac{1}{\sqrt{2}}$=0.7071	$\frac{\sqrt{3}}{2}$=0.866
cos	$\frac{\sqrt{3}}{2}$=0.866	$\frac{1}{\sqrt{2}}$=0.7071	$\frac{1}{2}$=0.5
tan	$\frac{1}{\sqrt{3}}$=0.5773	1	$\sqrt{3}$=1.732
cot（tan 的倒数）	$\sqrt{3}$=1.732	1	$\frac{1}{\sqrt{3}}$=0.5773
sec（cos 的倒数）	$\frac{2}{\sqrt{3}}$=1.547	$\sqrt{2}$=1.4142	2
cosec（sin 的倒数）	2	$\sqrt{2}$=1.4142	$\frac{2}{\sqrt{3}}$=1.1547

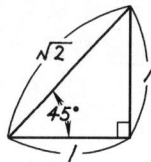

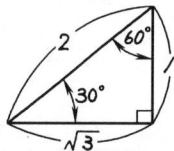

② $a=\dfrac{34}{\sin\alpha}$

根据三角函数的求法需要 2 步，首先要求出 $\sin\alpha$

$\tan\alpha=34\text{mm}/20\text{mm}=1.7$

$\alpha=59°\ 32'$

将 59° 32′ 代入，

$a=\dfrac{34\text{mm}}{\sin59°\ 32'}=34\text{mm}\times\text{cosec}59°\ 32'$

　$=34\text{mm}\times1.160=39.447\text{mm}$

　$\approx39.45\text{mm}$

a（螺钉的外接直径）约为 39.5mm。

● **b 的求法**

$b=(n+l)\times2$

$l=n$

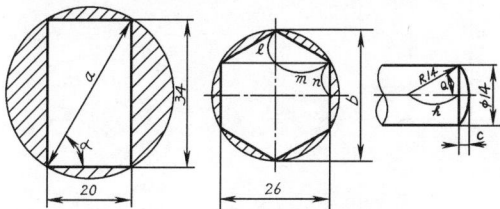

$n=m\times\tan30°=13\text{mm}\times0.5773$

　$\approx7.5\text{mm}$

因此

$b=(7.5\text{mm}+7.5\text{mm})\times2=30\text{mm}$

b（螺母的外接直径）为 30mm。

● **c 的求法**

$c=14-h\cdots\cdots$（1）

$h=14\times\cos\theta\cdots\cdots$（2）

因为 $\sin\theta=\dfrac{7\text{mm}}{14\text{mm}}=0.5$

　　　　$\theta=30°$

将其代入（2）式中得

$h=14\text{mm}\times\cos30°=14\text{mm}\times0.866=12.124\text{mm}$

因此

$c=14-h=14\text{mm}-12.124\text{mm}=1.876\text{mm}$

　$\approx1.9\text{mm}$

c（螺尾部的宽度）为 1.9mm。

在三角函数表中，已经总结了需要记住的角度的数值。在车间，经常有像上面这样需要通过计算得出尺寸的情况。

V 形槽的加工尺寸

下图是 V 形槽的加工图样。因为 V 形槽大多数是 90°，因此，在加工的时候，要学会 90° 的 V 形槽的测量方法和尺寸的算法。

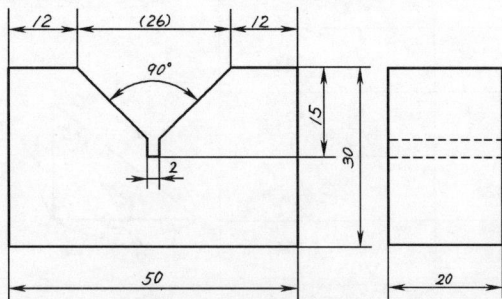

为了正确计算 V 形槽的深度，只根据图样上给出的尺寸是不够的。

一般的测法是，在 V 形槽中插入一个圆柱，测量到圆柱的高度来测定 V 形槽的深度。

另外，当 V 形槽相对于外角位于工件的中心时，为了判定其是不是在中心，同时测定 V 形槽的深度需要知道棱线到 V 形槽斜面的距离（即 y_1 和 y_2）。

到圆柱的高度 x 和外角棱线到 V 形槽斜面的距离（即 y_1 和 y_2）的尺寸，可以通过以下的方法计算出来。

● x 的求法

$x=r+a+(30-b)$

$r=8mm$

$a=8mm/\cos45°$ $=8mm\times\sec45°$

$=8mm\times1.4142=11.3136mm$

$b=c=13mm$

因此

$x=8mm+11.3136mm+(30-b)$ mm

$=36.3136mm$

$\approx36.314mm$

● y_1 和 y_2 的求法

$y_1=y_2$

$y_1=d+l$

$=30mm\times\cos45°+12mm\times\cos45°$

$=30mm\times0.7071+12mm\times0.7071$

$\approx29.70mm$

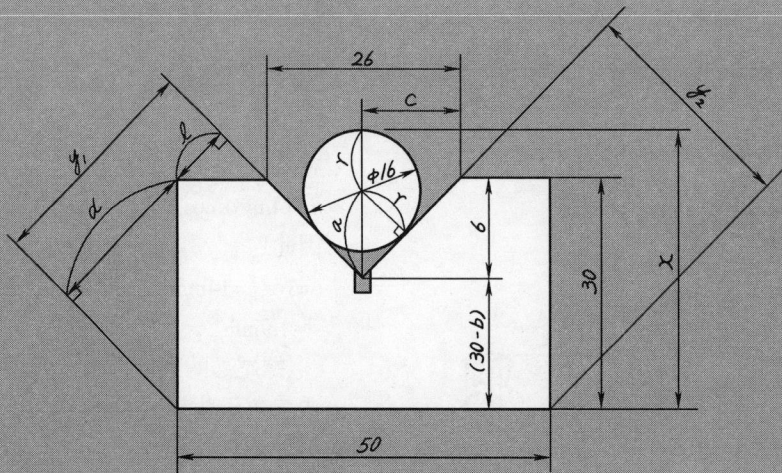

燕尾槽的加工尺寸

下图是燕尾槽的主视图。燕尾槽大多用在机床和测定器械的滑动面上。

燕尾槽的角度大多是 60°。因此，使用铣床加工时，需要使用一种叫做燕尾槽刀具的工具。

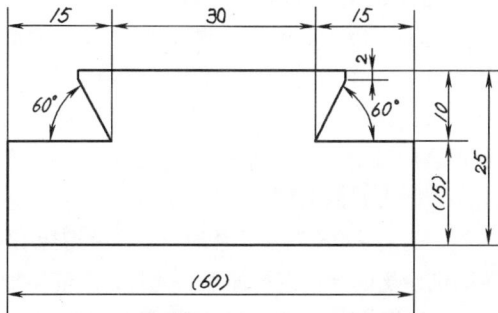

如图，只是给出了燕尾槽底的尺寸。因此为了易于测量加工上必要的燕尾槽外侧的尺寸和燕尾槽的深度，就需要 2 根圆柱（和测 V 形槽时一样的圆柱），将其夹在燕尾槽

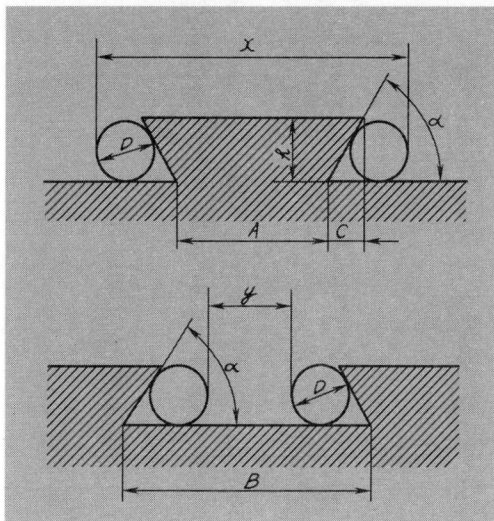

的两侧，量得尺寸。

燕尾槽分为两种：①是外侧成燕尾槽形状，②是内侧成燕尾槽形状。为了分别计算其尺寸，用下面所示式子表示。

● **外侧为燕尾槽的情况**

这种情况下的式子如下所示

$$x=D\ (1+\cot\alpha/2)+A \cdots\cdots\cdots\cdots\cdots（1）$$
$$C=h\times\cot\alpha\cdots\cdots\cdots\cdots\cdots\cdots\cdots\cdots（2）$$

将 $A=30mm$，$D=12mm$，$\alpha=60°$ 代入（1）式，得 $x=12mm\ (1+\cot30°)+30mm$

另将 $h=10mm$，$\alpha=60°$ 代入上面（2）式，得

$$C=10mm\times\cot60°$$
$$=5.77mm$$

● **内侧为燕尾槽的情况**

此时式子如下所示

$$y=B-D\ (1+\cot\alpha/2)$$

在此，没有对应图样进行详细介绍。但是其计算和外侧为燕尾槽的情况是相同的，将图样中的数值代入公式就行。

工艺图的解读

必须考虑磨削

磨削余量是使用平面磨床、外圆磨床、内圆磨床等进行加工时必要的加工余量。在进行车床或铣床加工之前，必须要考虑加工余量的大小。

根据 JIS B 0711 规定，磨削余量有平面磨削余量、外圆磨削余量、内圆磨削余量 3 种。其中这些磨削余量又分为 2 种：前工序加工后不需要热处理时的磨削余量和前工序加工后需要淬火、回火时的磨削余量。

当磨削余量没有特别标注时，一定要遵照 JIS 中对磨削余量的规定进行加工。此时，在前道加工工序中标注的磨削余量的尺寸极限偏差为：

磨削余量 0.2mm 时　±0.05mm

磨削余量 0.3mm 时　±0.1mm

▼ **两平面组合时的磨削余量**　　　　　（单位：mm）

宽度 W ＼ 长度 L	40 以下	40 ~ 63	63 ~ 100	100~160	160~250	250~400
20 以下	0.2	0.2	0.3	0.3	0.3	0.3
	0.3	0.3	0.4	0.4	0.5	0.5
20~36	0.2	0.2	0.3	0.3	0.3	0.4
	0.3	0.3	0.4	0.4	0.5	0.5
36~60	0.3	0.3	0.3	0.3	0.3	0.4
	0.4	0.4	0.4	0.4	0.5	0.5
60~100	—	0.3	0.3	0.3	0.3	0.4
	—	0.4	0.4	0.4	0.5	0.5
100~160	—	—	—	0.4	0.4	0.4
	—	—	—	0.5	0.5	0.5
160~240	—	—	—	—	0.4	0.4
	—	—	—	—	0.6	0.6
240~360	—	—	—	—	0.5	0.5
	—	—	—	—	0.7	0.7

注：以上各表的上行为前加工工序后不需要热处理时的加工余量，

130

余量的图样

平面磨削加工实例

图中零件加工的前工序加工在铣床上进行。材料为钢，如果加工后不需要热处理，充分考虑加工余量后，再画出铣床加工工序的工序图，就能在很大程度上减少错误。

根据图样中标注的尺寸，当其长度为60mm，宽度55mm的磨削加工时，那么其前工序的加工尺寸就一定为（55.2±0.05）mm，同样10mm的阶梯宽度尺寸的前工序加工尺寸为（10.2±0.05）mm。

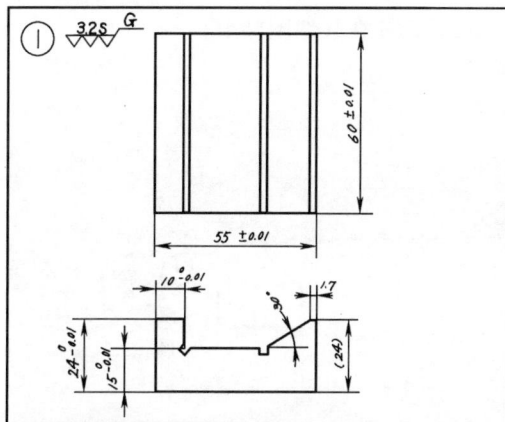

▲平面磨削加工的加工图样

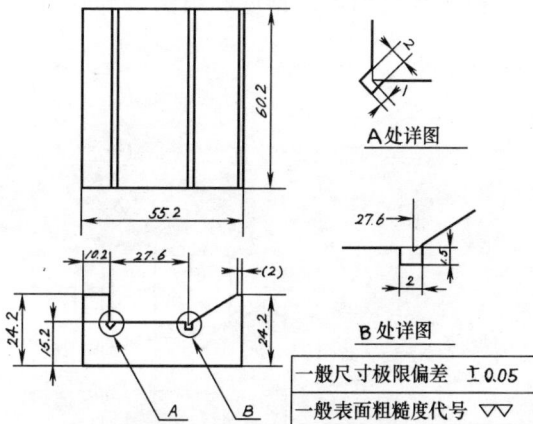

▲标注有磨削余量的前加工工序图

▼ 外圆磨削余量

直径 D ＼ 到端面的距离 L	16以下	16~25	25~40	40~63	63~100	100~160
6~10	0.1	0.2	0.2	0.3	0.3	—
	0.2	0.2	0.2	0.3	0.5	—
10~18	0.1	0.1	0.2	0.2	0.3	0.3
	0.2	0.2	0.2	0.3	0.4	0.5
18~30	0.1	0.1	0.2	0.2	0.2	0.3
	0.2	0.2	0.2	0.3	0.4	0.5
30~50	0.2	0.2	0.2	0.2	0.2	0.2
	0.2	0.2	0.2	0.3	0.3	0.4
50~80	0.2	0.2	0.2	0.2	0.2	0.2
	0.2	0.2	0.2	0.3	0.3	0.4
80~120	0.2	0.2	0.2	0.2	0.2	0.2
	0.3	0.3	0.3	0.3	0.3	0.3
120~180	0.2	0.2	0.2	0.2	0.2	0.2
	0.3	0.3	0.3	0.3	0.3	0.3

下行为前加工工序后需要淬火、回火时的加工余量。

▼ 内圆磨削余量

直径 D ＼ 长度 L	10以下	10~16	16~25	25~40	40~63	63~100
6~10	0.1	0.2	0.2	—	—	—
	0.2	0.2	0.2	—	—	—
10~18	0.2	0.2	0.2	0.2	—	—
	0.2	0.2	0.3	0.3	—	—
18~30	0.2	0.2	0.2	0.2	0.2	—
	0.3	0.3	0.3	0.3	0.3	—
30~50	0.2	0.2	0.2	0.2	0.2	0.3
	0.3	0.3	0.3	0.3	0.3	0.4
50~80	0.2	0.2	0.2	0.2	0.3	0.3
	0.4	0.4	0.4	0.4	0.4	0.4
80~120	0.3	0.3	0.3	0.3	0.3	0.3
	0.4	0.4	0.4	0.4	0.4	0.4
120~180	0.3	0.3	0.3	0.3	0.3	0.3
	0.5	0.5	0.5	0.5	0.5	0.5

一般尺寸极限偏差 ±0.05

一般表面粗糙度代号 ▽▽

外圆、螺纹、内圆磨削加工实例

以下是使用刀具加工的顶尖和套筒的图样。这时要在车床上进行前工序加工。

特别是当进行圆锥部的磨削加工时，一定要一边检查圆锥部的接触状态一边进行磨削，由于 JIS 中规定的磨削余量很小，所以（ ）尺寸中标注的磨削余量进行了放大。

图中套筒的内圆锥度和顶尖的外径锥度相配合。锥部的尺寸采用莫氏锥度，其比例大约是 1∶20，因此这里需要注意其长度方向每磨削 2mm，直径上就会有 0.1mm 的偏差。

例如一般的磨削余量大约为 0.2mm，但圆锥部的磨削余量为 0.6mm。

磨削余量除了可以在一张图样中使用（ ）尺寸表示，车床加工工序图的磨削余量有时也可以标注在其他图样中。

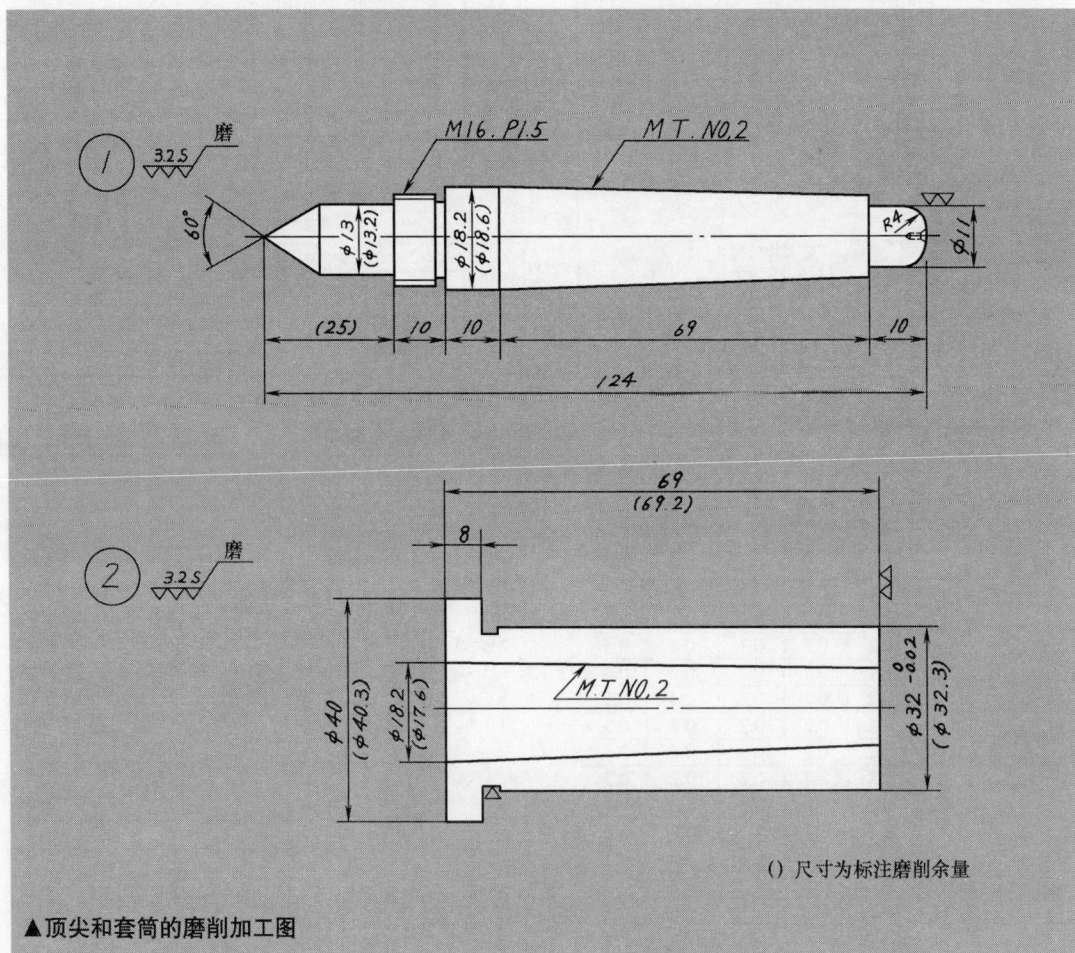

（ ）尺寸为标注磨削余量

▲顶尖和套筒的磨削加工图

铸件图

当在机床上对铸件的一部分进行加工时，一定要保证这个铸件已事先考虑了加工余量。

对于形状复杂的铸材，要分别画出两张图样：使用铸型进行铸造时的铸造图和在机床上进行加工时的制造图，但一般情况下为了节省设计人员的制图时间，通常将它们画在一张图样上。这时就要明确区分铸件的需要加工表面和不需要加工表面。

一般情况下，在有加工余量的地方要画上晕线以示区别。

加工余量根据铸件大小、形状的不同而不同，一般其大小为 1.5～5mm。

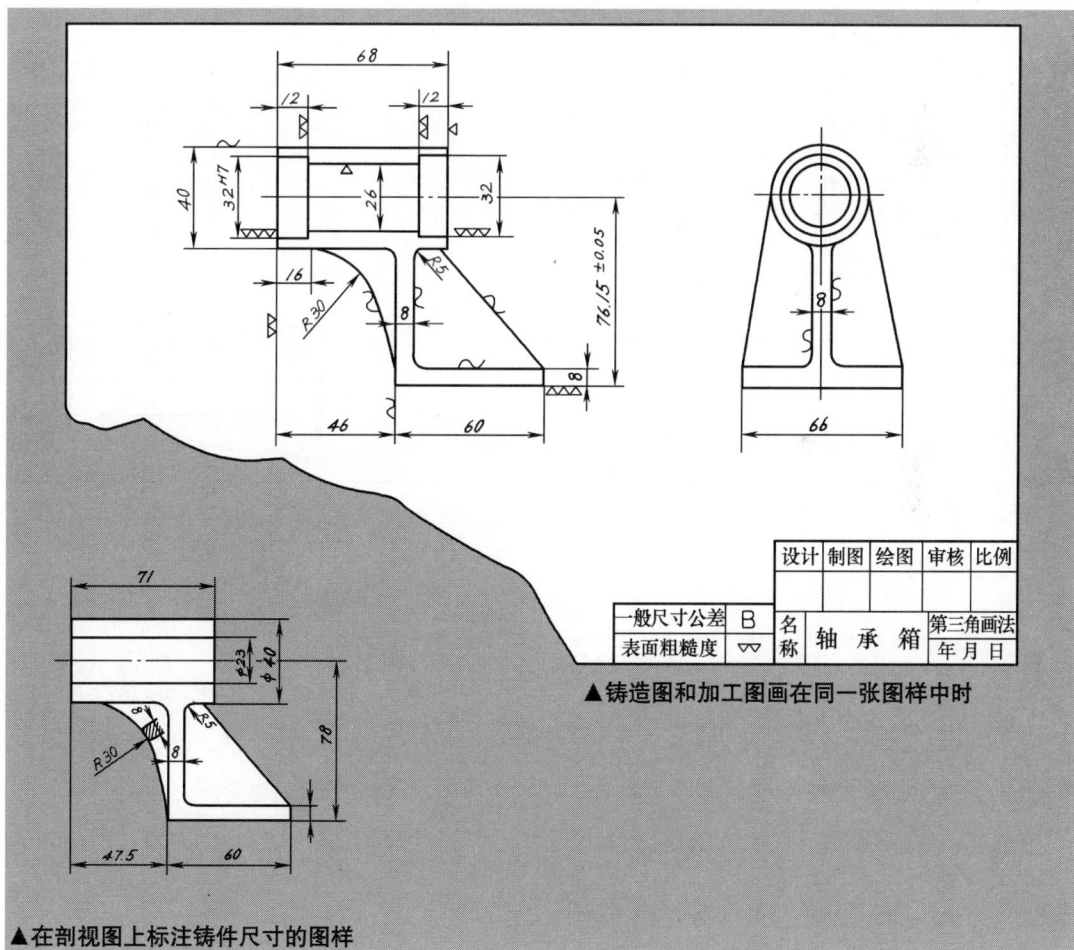

▲铸造图和加工图画在同一张图样中时

▲在剖视图上标注铸件尺寸的图样

133

同时加工工件的图样

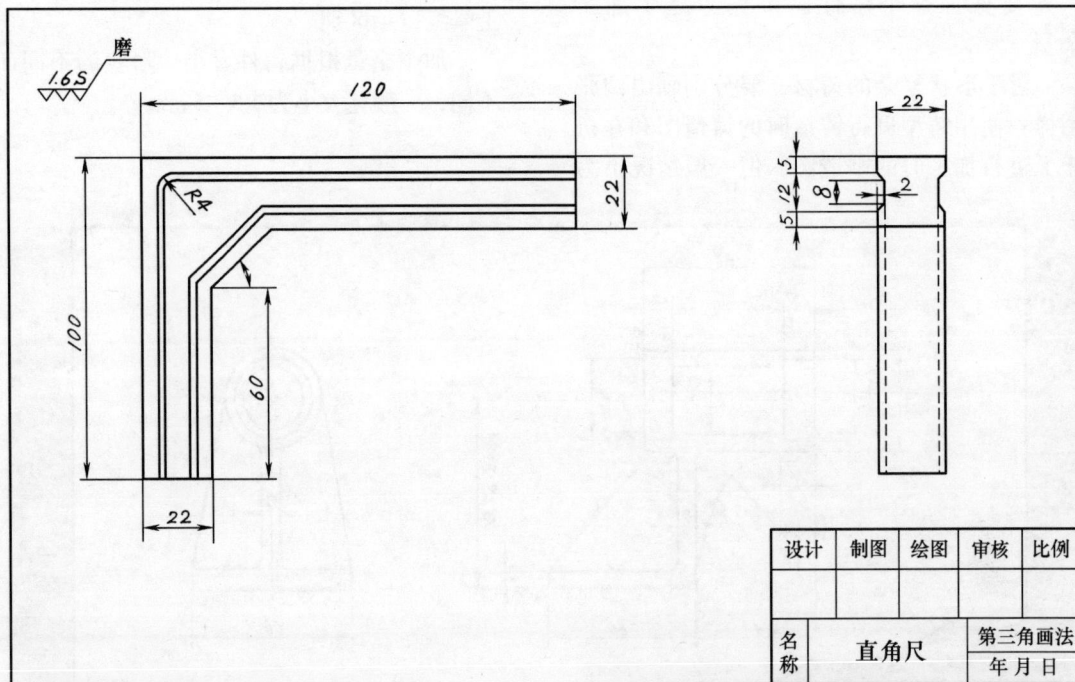

▲直角尺的加工图

铣床加工实例

上图是直角尺的加工图，根据 22mm × 100mm × 120mm 的整体尺寸，要使用铣床加工出一个 L 形，但这样会造成很大的材料浪费。

为了在下料时不造成材料的浪费，可以采用同时截取两件的方法。

在整体尺寸相同的情况下，其包括余量尺寸在内的长度为 120mm+22mm+4mm=146mm，这样就可以实现同时截取 2 件。

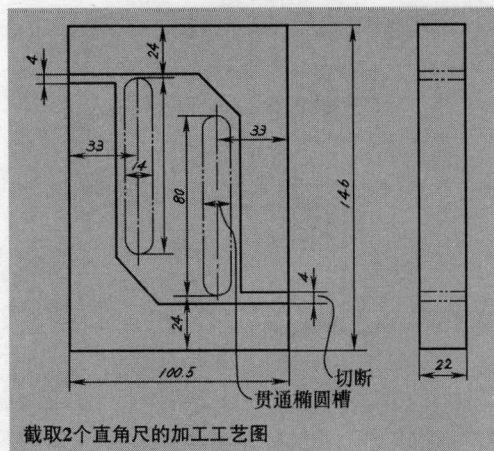

截取2个直角尺的加工工艺图

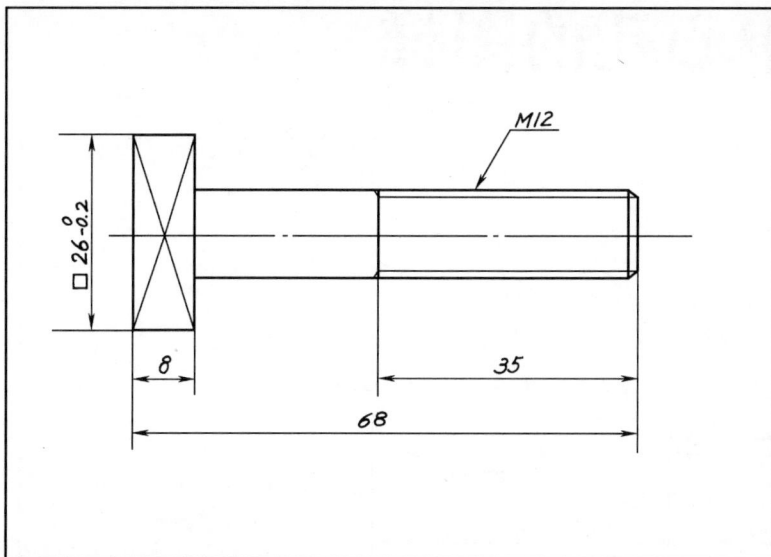

▲ 螺栓（M12）的加工图

车床加工实例

上图是螺栓（M12）的加工图。在车床上同时加工数个螺栓时，必须要有装夹余量，但一定要使装夹余量尽量小。

当接到制造图样以后，并不是马上要按照图样进行加工，而是应该考虑哪种加工方法更高效、更能降低成本。

在加工这种螺栓时，如果采用截取2件的方法，就可以只考虑切断余量而不用考虑装夹余量。

使用这种方法，同时截取的数量越多，越能节省材料。□26部分的直径尺寸要事先计算出来，并标注在工艺图中。

除了以上所介绍的，通过使用裁切2件的方法外，来提高零件加工效率的方法还有很多，平时要多加留意、多加思考。

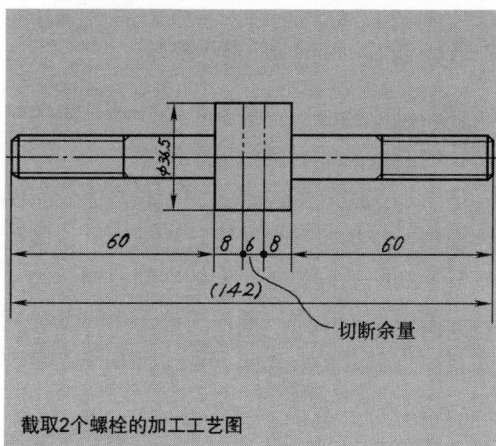

截取2个螺栓的加工工艺图

加工临时中心孔的图样

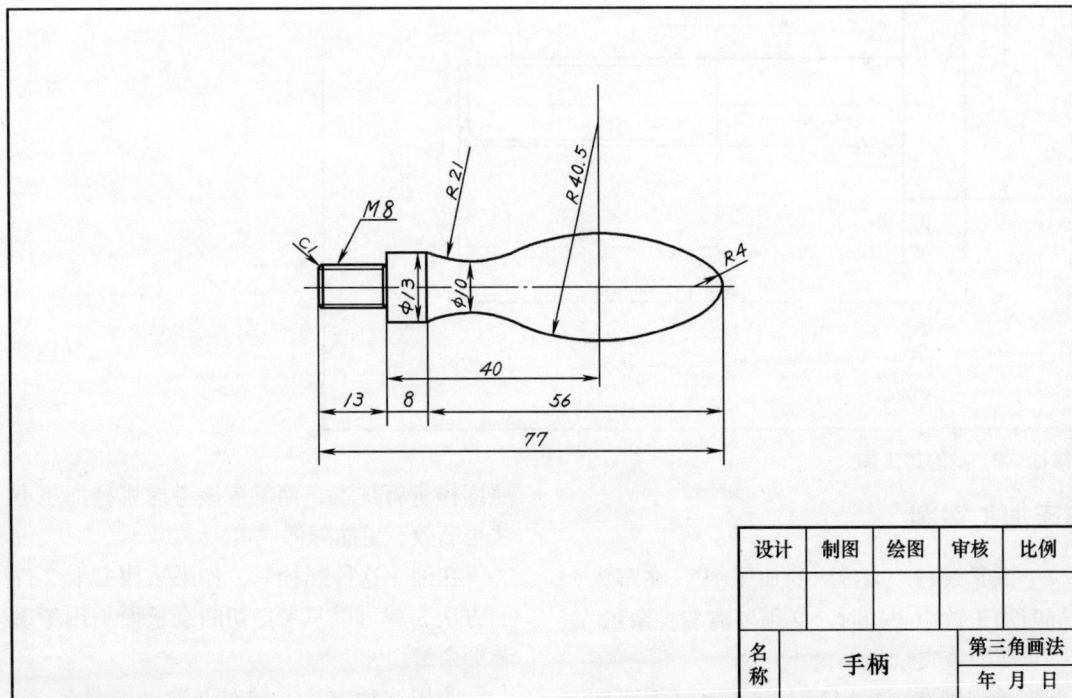

▲手柄的加工图

设计	制图	绘图	审核	比例
名称	手柄		第三角画法	
			年 月 日	

中心孔部分留有一定空间的情况

上图是在机床的操作部分常见的手柄。但这种不规则形状的部件通常要用仿形车床加工。

进行仿形加工时，要以同被加工部件完全相同的部件为模型，并仿照其形状进行切削加工。因此要在刀具开始切削的部位留一定的空间，而且为了避免工件安装中发生危险，要将工件凸出一部分安装，并在其端头部开中心孔来保证工件在加工时的稳定性。

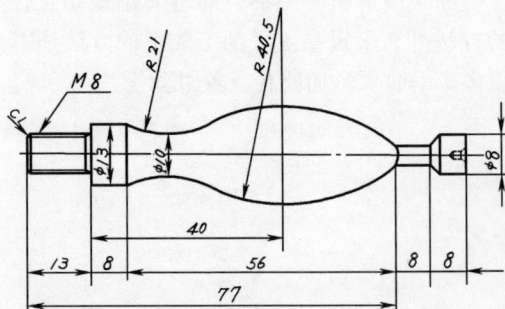

▲带中心孔结构的工艺图

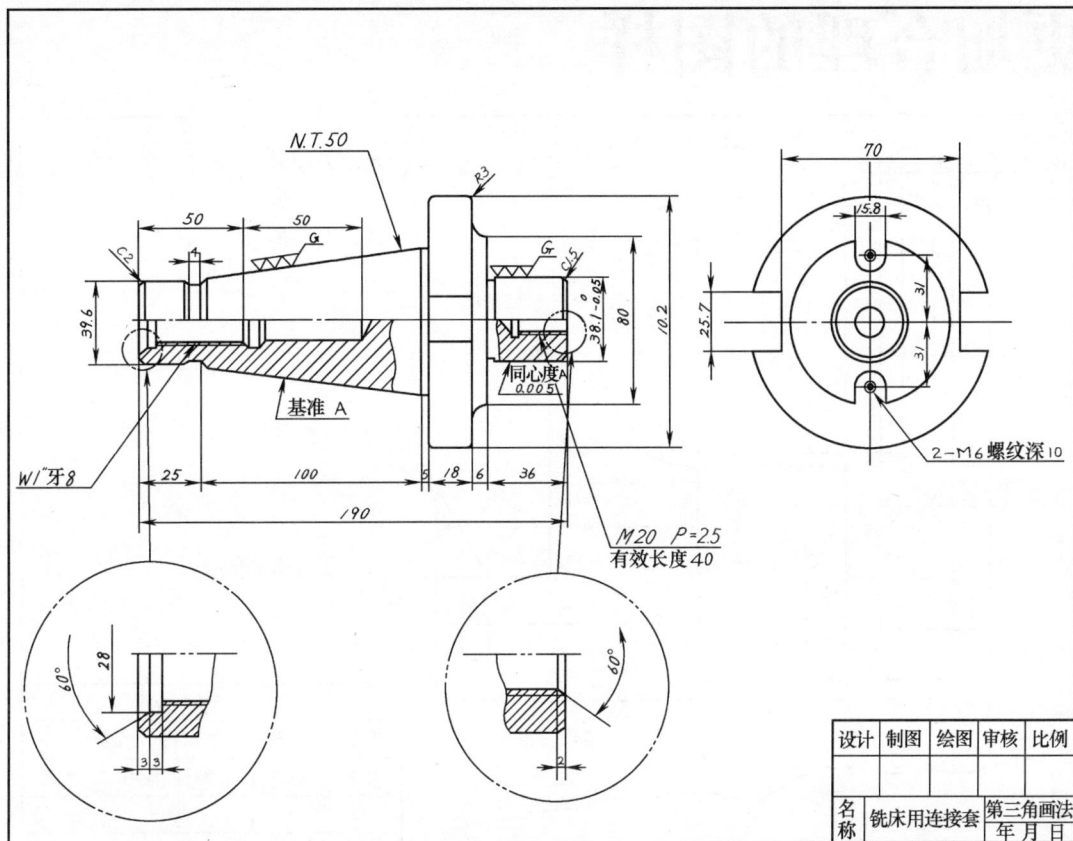

▲铣床主轴用连接套

这时要先加工大曲面部分，最后再拆掉中心孔部分，加工其端头部。

这种加工方法多少会浪费些材料，但也不能忽视其有利的方面：提高加工效率和保证加工时的安全性。

两端有60°倒角的情况

上图是铣床主轴用连接套的加工图。从工件的形状来看应该是使用车床及外圆磨床进行加工，但无论使用哪种机床进行加工，都最适合使用两顶尖支撑的方法。

因此在不妨碍工件使用的前提下，可以在两端的内螺纹端部进行60°的倒角，这种工艺图是便于大多数加工人员进行加工操作的。

图中的部分放大图是进行双中心加工作业的工艺图。

更加合理的图样

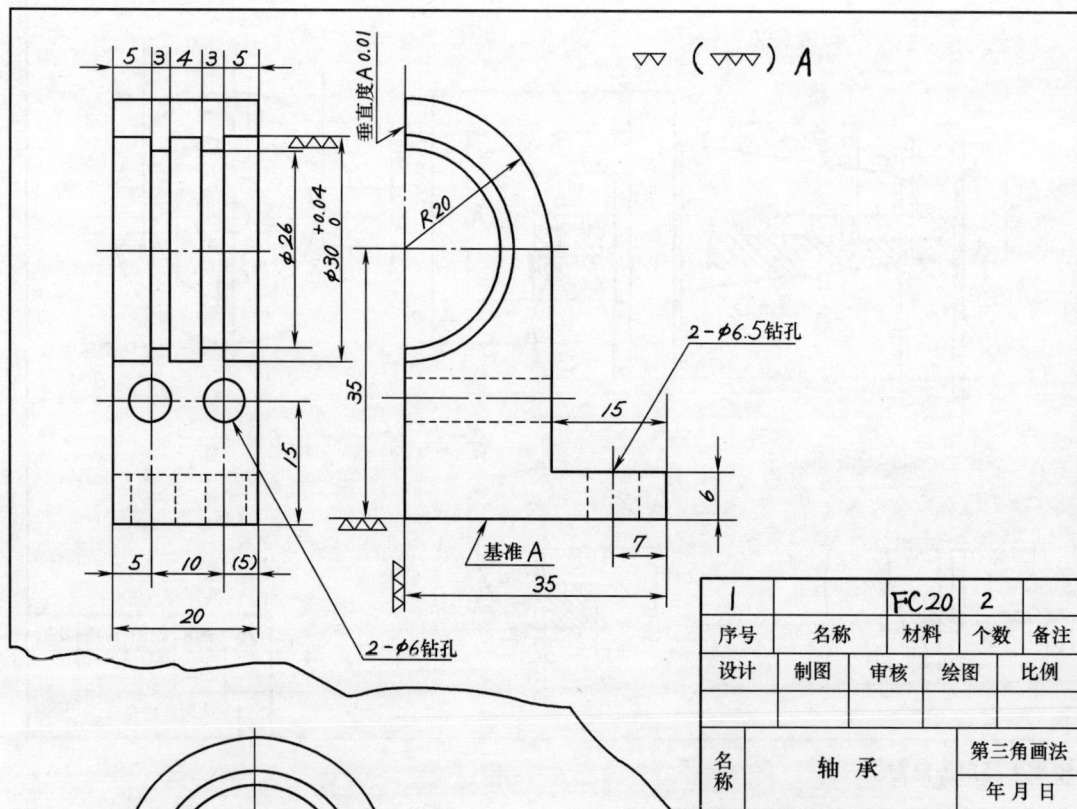

▲推力滑动轴承的加工图

▲两个工件组合加工的工艺图

两个工件组合加工

上图是推力滑动轴承的一种，以两个为一组，用两个半圆组成了一个完整的内圆面。

但即使是需要半圆的时候，也并不是将加工后的一个内圆面通过切割分成两个。因此在使用铣床加工完外形面以后，可以通过螺栓孔将两个工件组合起来，然

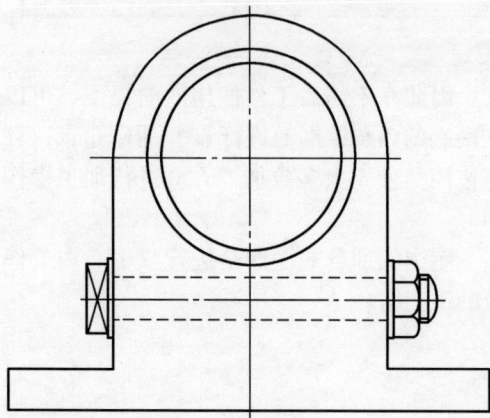

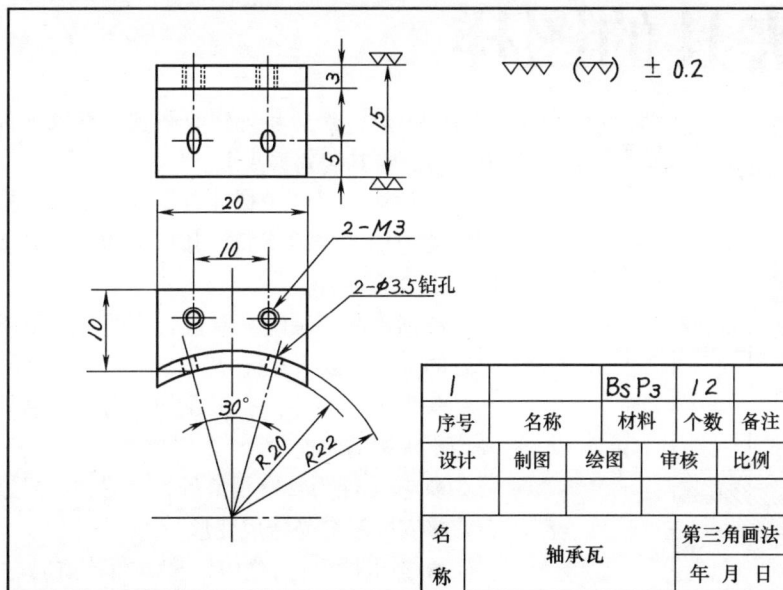

| ▽▽▽ (▽▽) ± 0.2 |

1			BsP3	12	
序号	名称	材料	个数	备注
设计	制图	绘图	审核	比例

名称	轴承瓦	第三角画法
		年 月 日

▲轴承瓦的加工图

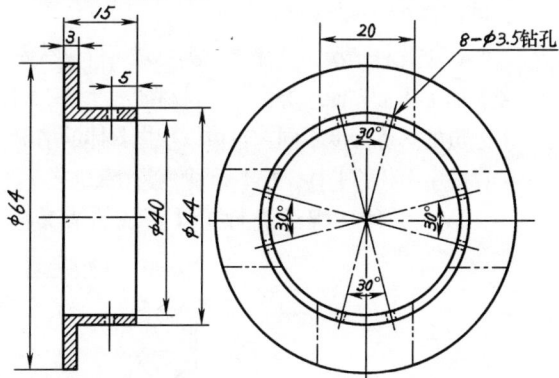

▲同时车削4个的加工图

后再使用车床加工内圆面。这时要尽量标注出基准面与组合面的垂直度。

要考虑后面工序的加工顺序

如上图，当必须要进行车床加工和铣床加工时，该先进行哪一种加工呢? 根据加工的先后顺序不同，加工精度和加工效率都会有很大的差异。

这时如果按照左侧的工艺图先进行车床加工，那么后面的铣床加工将会变得很轻松。

因为需要的工件个数为12个按照工艺图可以一次加工4个，所以3次就可以加工完。

而且，要在工件分割成4个之前进行 φ3.5 的钻孔加工，因为这时加工更方便。

使用螺纹夹具的图样

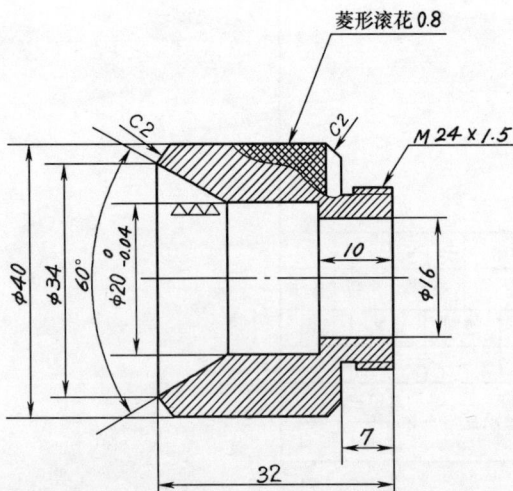

菱形滚花0.8

C2

C2

M24×1.5

Φ40

Φ34

60°

Φ20 $^{0}_{-0.04}$

Φ16

10

7

32

▲外径带滚花的工件

利用工件自身螺纹的情况

当加工上图中的工件时，如果要在其外径进行滚花，可以利用其自身的外螺纹，这时要先制作一个像下图一样的内螺纹夹具

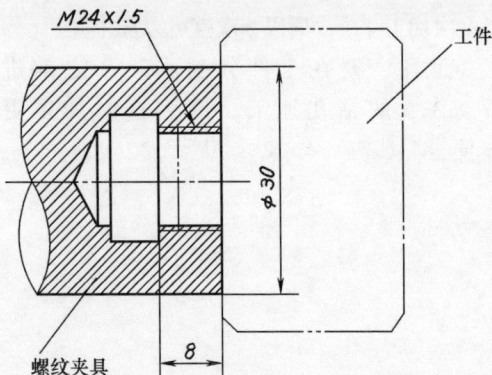

M24×1.5

工件

Φ30

8

螺纹夹具

▲把工件装到内螺纹夹具上

140

（工件夹具），然后将外螺纹装到内螺纹夹具上，最后将其装到夹头上。

这种加工尺寸中标注有螺纹的工件，根据螺纹的加工先后不同，其加工的步骤方法也有很大的差别。

特别是利用螺纹夹具进行安装时，效果很好的工件有以下几种：

● 当工件的外径有滚花加工时，或者外径为不规则的曲面时。

● 当工件为管壁很薄的管材时，如果进行直接安装就容易造成变形。

● 当工件很长、很大，稳定性不好时。

● 从工件形状上判断，当使用螺纹夹具后可以使加工变得更容易时。

以上几种情况，使用螺纹夹具对工件进行安装、加工非常方便。但由于工件材质、个数、加工人员的熟练程度不同，也可以根据具体的情况选择使用不同的卡具，并不局限于使用螺纹夹具。

现在，使用螺纹进行工件安装的情况越来越多。

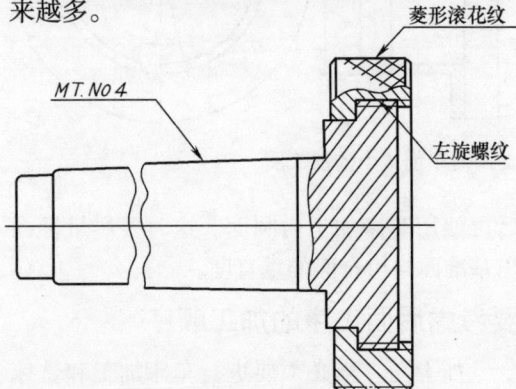

菱形滚花纹

MT.NO 4

左旋螺纹

▲在端面上嵌入左旋螺纹套圈

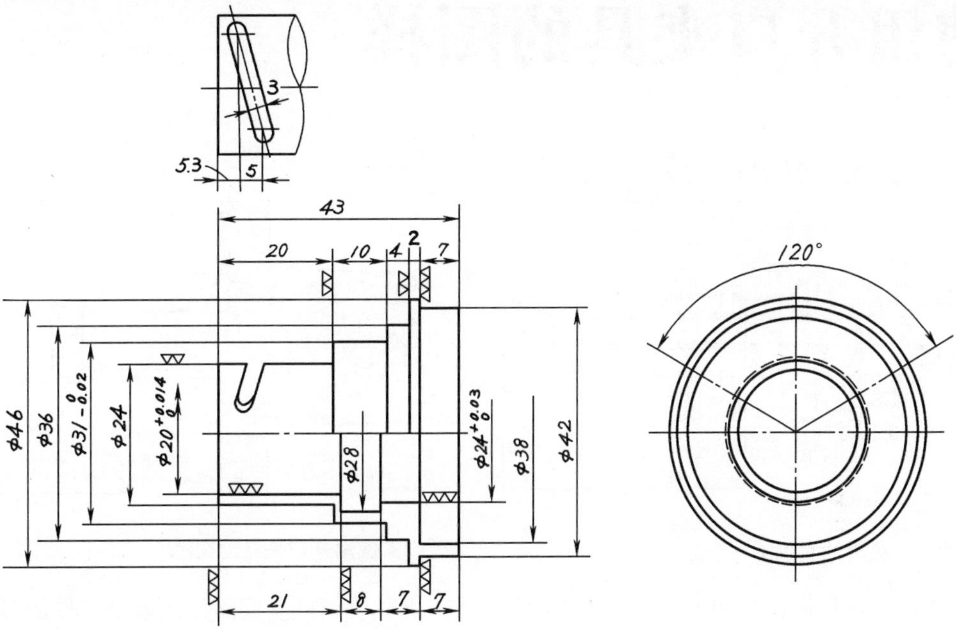

▲自身不带螺纹，需要加工临时螺纹的工件

但是，这种螺纹夹具如果夹得很紧或受到很大的反作用力，就有可能被压死，造成工件拆卸不下来。

这种情况下，如果把一个具有左旋螺纹

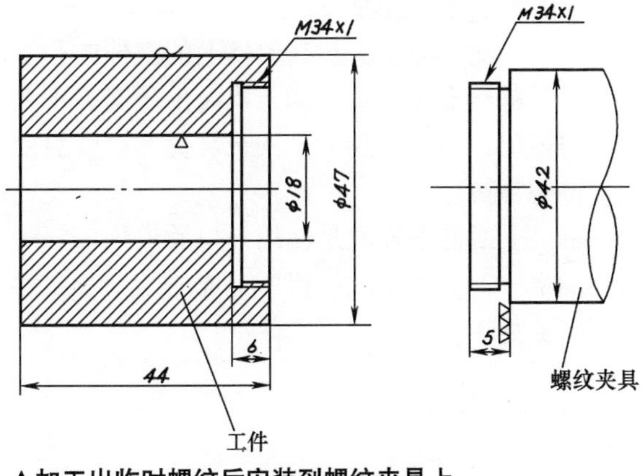

▲加工出临时螺纹后安装到螺纹夹具上

的环填充到工件的断面，就能将工件很容易地拆卸下来。

需要加工临时螺纹的情况

如上图，即使工件本身没有螺纹，也可以在工件合适的地方加工出临时螺纹，并利用临时螺纹来最终达到对工件其他部分进行加工的目的。这种很常用的方式就叫做临时螺纹加工方式。

左图是临时螺纹加工的最初工序图和工件安装用的螺纹夹具图。

当基准面很整洁、同心度的精度要求很高时，在加工临时螺纹的时候最好能使螺纹与其径向的旋合部相配合。

141

使用开口夹具的图样

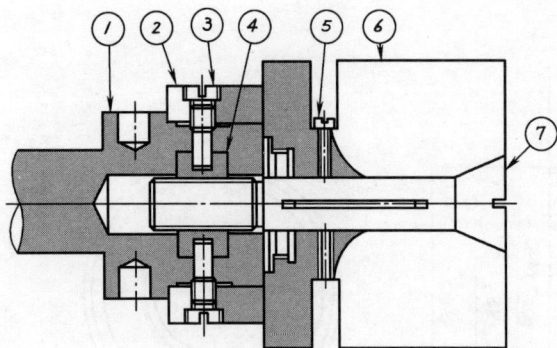

▲使用开口夹具的实例①

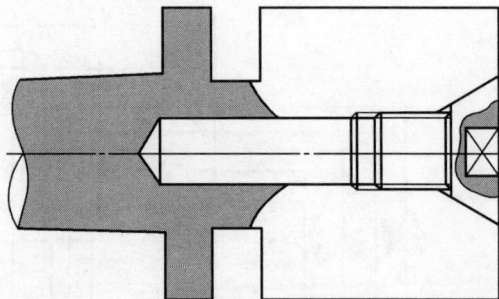

▲使用开口夹具的实例②

开口夹具是通过对加工对象的内表面施加压力，使其受到挤压而膨胀来进行安装的

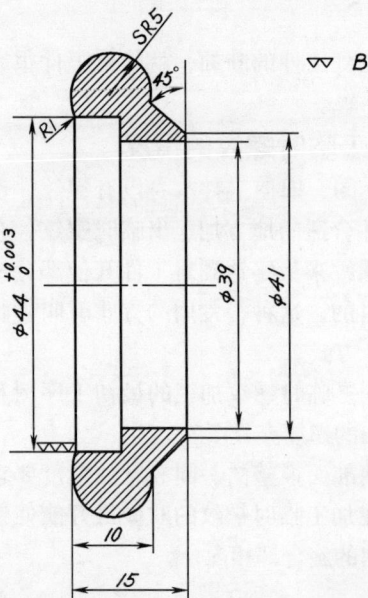

▲使用开口夹具加工将会很容易

夹具。因此在同时加工多个工件的时候，一定要保证装入开口夹具里的工件的内径部分尺寸的互换性和保持加工面的整洁、干净。

开口夹具的构造，一般开口夹具的中心部都装有一个锥形体螺钉，而且夹具的切槽一般都是 3 等分到 6 等分。在拧紧螺钉的时候，通过锥形体的作用挤压切槽部分，从而与内表面充分接触。

因此，如果安装在胎模上的工件内径过小，就会受到锥形体的干扰而出现安装不上的情况；而内径越大，安装与拆卸也就会变得越容易。

下面的图样就是使用开口胎模比较好的例子。它是把内径 $\phi 44^{+0.03}_{0}$ mm 的面安装到了开口夹具上。

使用外夹紧夹具的图样

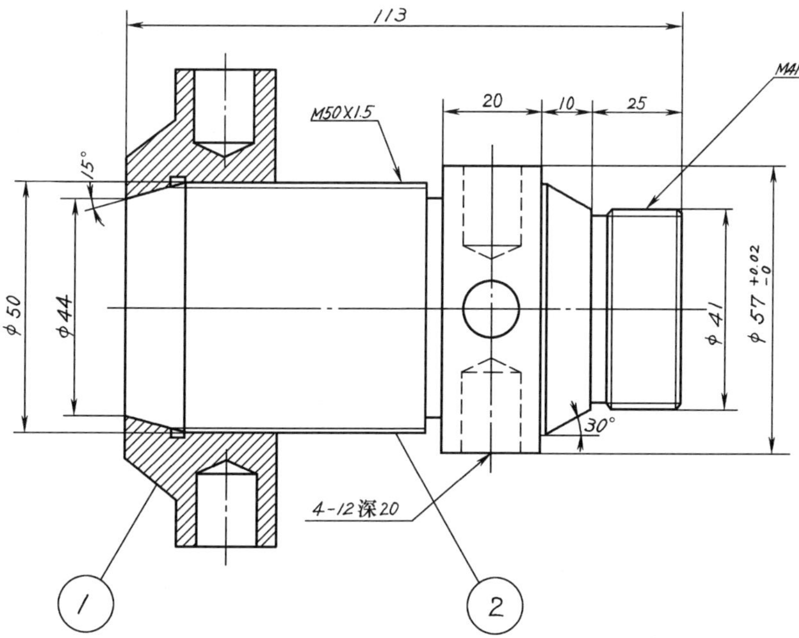

▲使用夹紧夹具的实例

　　夹紧夹具是一种通过夹紧工件的外表面来安装的夹具。

　　它在所有的夹具中是最常见的一种，由于要在外侧对工件施加很大的压力，很容易引起工件的变形，所以一定要注意。

　　右图中的工件，ϕ32mm 的外径正好卡在夹具中，但即使公差是自由尺寸公差，为了保证互换性，其尺寸值的公差也应该控制在±0.02mm 左右。

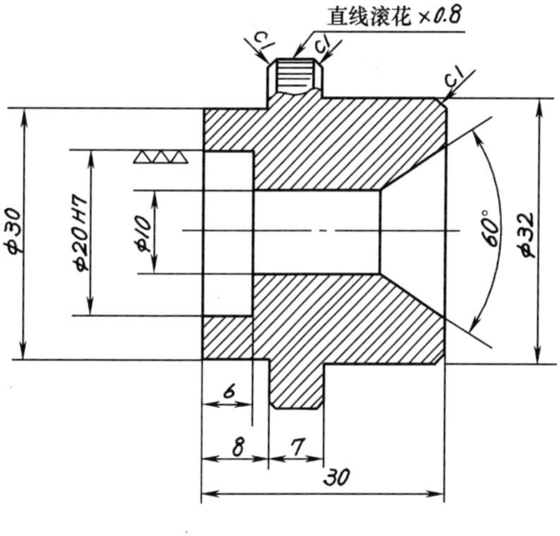

▲使用夹紧夹具加工将会很容易

表和栏

标题栏

虽然在前面讲过的图样中也有标题栏，但在此想重新说明一下。

标题栏虽然和图样尺寸没有直接的关系，但是在正式的图样中却是必不可少的。

标题栏中记入的内容，既有记录图样名称的图名、图样编号、制图单位名等大的栏目，也有附属的图样比例、图样制作年月日、投影法以及责任者签名等。

特别是，责任人的署名栏，如果日后因为图样的错误而引发问题时，署名人是要负责任的。

这样就明确了该图样是何时、由谁、在什么地方、为何制作的。署名可以像处长、科长、组长、制图者这样根据公司的职位来签署，也可像设计、制图、绘图、审核这样根据职别来签署。

根据 JIS B8302 以及 JIS B0001 的规定，标题栏应该设计在图样的右下角，但对标题栏的样式并没有做规定。

因此，标题栏样式由公司各自规定。在此，略举二、三例。

关于图样编号，除了填写在标题栏以外，有时也有将编号数字倒着填写在图样左上角的情况。这样，就为在图样破损时，或者整理时，提供了很大便利。

零件表 （明细表）

所谓零件表，就是记入了对图样中描绘的部件相关信息的表。

在部件表中要填入以下项目。
①序号：记录本图样的零件序号。

设 计	制 图	绘 图	审 核	比 例

名称			投 影 法
			年 月 日

图 名						抄送方
单位各、部门名	处长	科长	组长	工程师	制图	相关方
制造编号		整理编号				
数字编号		图样编号				统计
		绘 图		年 月 日		

单位名		图 名	
批 准	制 图	绘 图	年 月 日
审 查	绘 图	图 号	
		类 别	

▲标题栏的各种样式

144

②名称：记录零件名称，特别是标准零件的名称。

③材料：用材料编号记录零件的材料。

④个数：记录每台机器的加工个数。

⑤重量：记录零件的净重，单位通常是 kg。

⑥工艺：用编号记录零件的加工工艺。

⑦备注：用 JIS 的规格编号记录标准零件等。

虽列举了上述几项，但对于零件表中零件的记录位置和记录事项并没有相关的规定，所以各个厂家可以制成适合本公司的零件表。

在只有一个零件的图样中，一张图样只表示一个零部件，在零件表中也只需要一行就结束了。在多个零件用一张图样表示时和画装配图的时候，一张图样可以表示多个零部件。所以在零件表中至少要记录出所有需要加工的零件。如果附有标准零部件的话，也要记录。

图样变更表

在零件长期按照零件表进行加工的过程中，如果中途零件的加工个数发生变化，或者是中断的作业需要再次进行，图样被再次使用时，就要用到图样变更表。也就是说图样变更表就是记录图样变更过程的一个栏目表。

3	六角头螺母	S15CB	M10	2		JIS B1180
2	六角头螺栓	S15CB	M10x30	2		JIS B1181
1		SS41	Φ12x100	1	L	
序号	名　　称	材料	下料	个数	工艺	备　注

2	圆锥销	4	2	5X30		JIS B1355
1	轴	1	2		S45CB	
序号	名　　称	个数	台数	尺寸	材料	单重	摘要

▲常用的零件表的实例

图　样　变　更　表				
理　　由	使用编号	制造	使用年月日	填表人

▲图样变更表

▲标题栏和零件表，及图样变更表的位置

145

装配图

零件编号

由若干个零件装配而成的工件，虽然其零件是一个一个加工的，但如果不知道它们是怎么装配的、各个零件之间有什么关联性，就无法进行组装。

装配图可分为两种：一种用于描述工件某部分装配情况的图叫做部件装配图，另一种用于描述工件整体装配情况的图叫做总装配图。

每个零部件都标有自己的编号，各个零件编号都使用阿拉伯数字标注在小圆圈内。原则上这些圆圈编号要标注在零件内部或者用指引线引出，标注在零部件的外部。

但是，JIS 规定当除装配图之外还有其他加工图样时，最好标注出图纸编号来代替标注零件编号。

图 1 所示的是在铣床加工中使用的弹簧夹头的一种。对于这种简单的装配图，可以只用主视图的全剖视图表示。当零件编号的指引线一端与零件外形线相连时，要在指引线与外形线相连的一端标上箭头；当零件编号的指引线一端在零件的内部时，要标上圆点，但有时也可以省略。

明细表

对于简单的装配图，要把全部的零件都记录在零件表里，但是当图形很大占满了整张图样，装配图特别复杂时，这时图样上的全部零件就难以全部记录零件表里。

如果出现了上述情况，零件的详细情况就要以表格的形式记录在另外的纸上，这个表就叫做明细表。

为了使人便于理解装配图和零件表的关联性，使用这种明细表时，在图样的保管与整理上都要花费一定的精力。

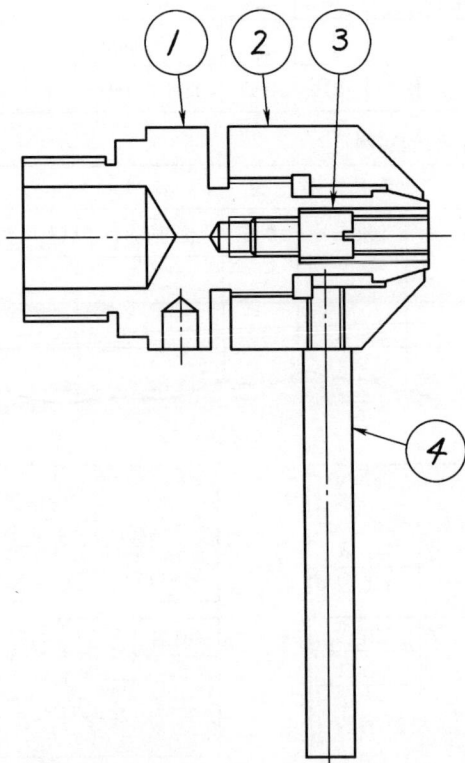

图 1　弹簧夹头的装配图

实际装配图的构成

装配图应选择能表示出最多零件位置及特征的方向，来描制主视图。装配图有两个作用，一个是通过图样使各个零件编号的种类、名称、个数一目了然。

另一个是使人充分了解各个零部件之间的关联性，和组装完成后工件将起什么作用以及其尺寸的大小。

前一个作用与其说是为了方便加工人员，还不如说是为了便于零件的整理与保管，而后一个作用才是从加工人员或装配人员的角度考虑的。

请看图2，这张照片是微调划线盘的装配图。

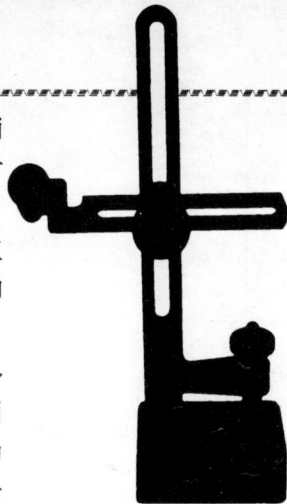

这个图样是为了装配作业而绘制的装配图，为了使人更容易看懂图样，所以将零件编号省略了。而剩余的尺寸则是装配过程中必不可少的尺寸，这些尺寸包括：组装完成后的工件的最大长度和宽度的尺寸、重要部位的尺寸以及可移动部位和最大移动尺寸等。

在使用时，通过以上尺寸也能使人清楚地明白这个工件的功能。而且，如果再能够对装配时的螺钉的旋入、销的打入、铆接等进行说明，这时装配图将会更容易理解。

但是像这样全心全意为加工者和装配作业者着想的装配图却是非常少见的。

几乎所有的装配图都像 148~157 页的实例一样，以零件编号和明细表为中心进行绘制的，而剩下的就全靠组装人员自身的技能以及对装配图的理解能力了。

因此，为了完全读懂装配图，在装配开始时，最好绘制一次装配图，亲自体验一下。

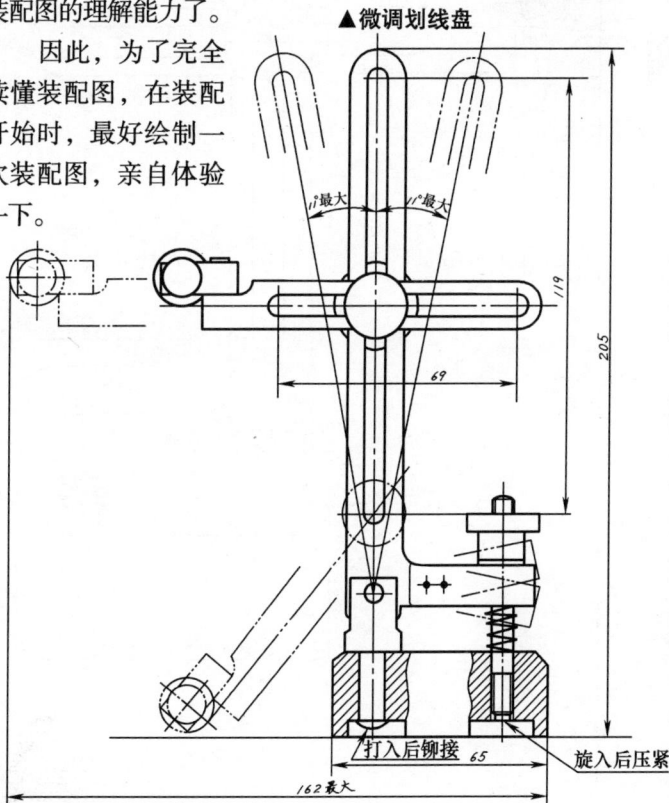

▲ 微调划线盘

图 2 微调划线盘的装配图

147

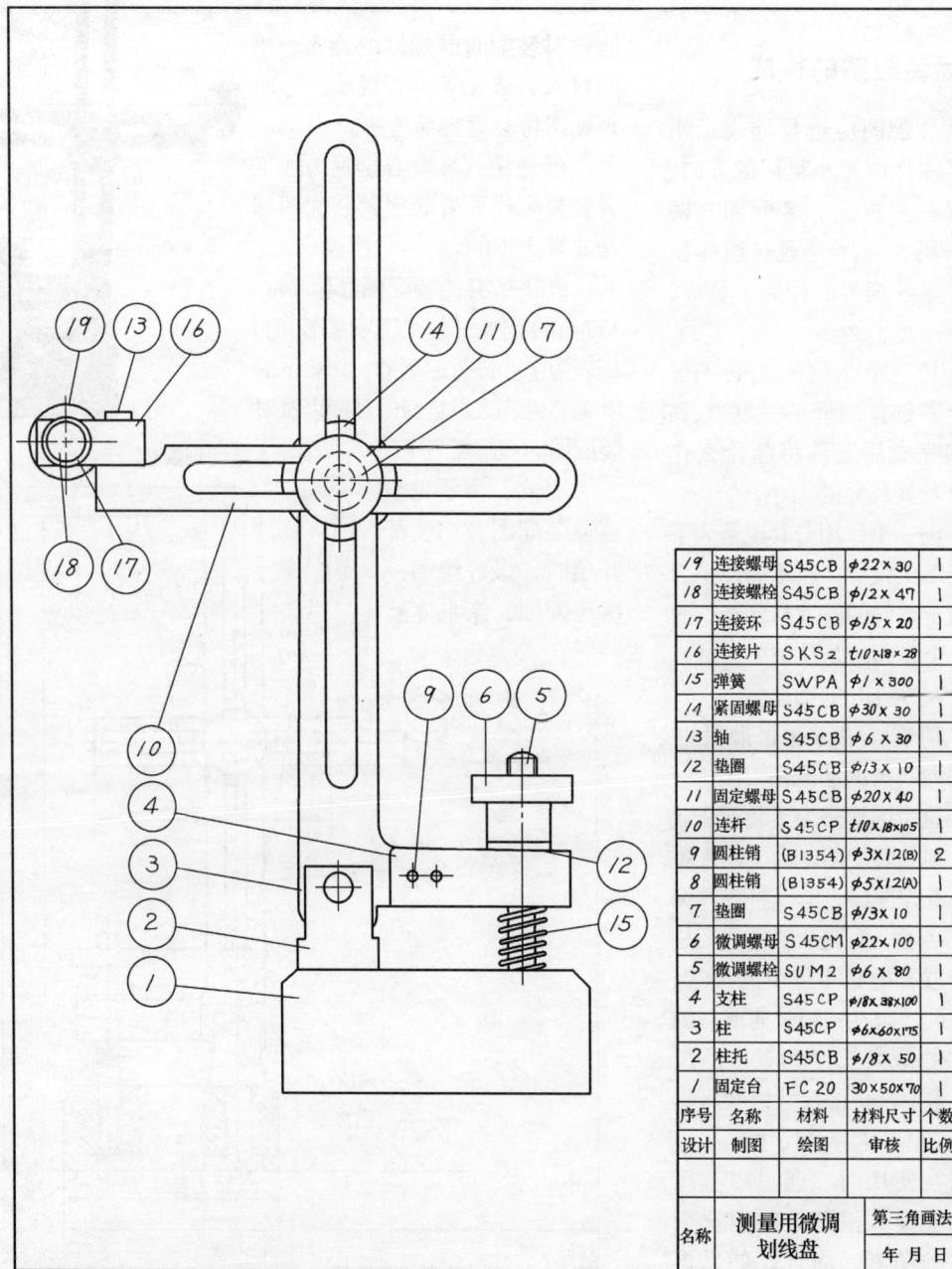

19	连接螺母	S45CB	φ22×30	1
18	连接螺栓	S45CB	φ12×47	1
17	连接环	S45CB	φ15×20	1
16	连接片	SKS2	t10×18×28	1
15	弹簧	SWPA	φ1×300	1
14	紧固螺母	S45CB	φ30×30	1
13	轴	S45CB	φ6×30	1
12	垫圈	S45CB	φ13×10	1
11	固定螺母	S45CB	φ20×40	1
10	连杆	S45CP	t10×18×105	1
9	圆柱销	(B1354)	φ3×12(B)	2
8	圆柱销	(B1354)	φ5×12(A)	1
7	垫圈	S45CB	φ13×10	1
6	微调螺母	S45CM	φ22×100	1
5	微调螺栓	SUM2	φ6×80	1
4	支柱	S45CP	φ18×38×100	1
3	柱	S45CP	φ6×60×175	1
2	柱托	S45CB	φ18×50	1
1	固定台	FC20	30×50×70	1
序号	名称	材料	材料尺寸	个数
设计	制图	绘图	审核	比例

名称	测量用微调划线盘	第三角画法
		年 月 日

▲测量用微调划线盘的装配图

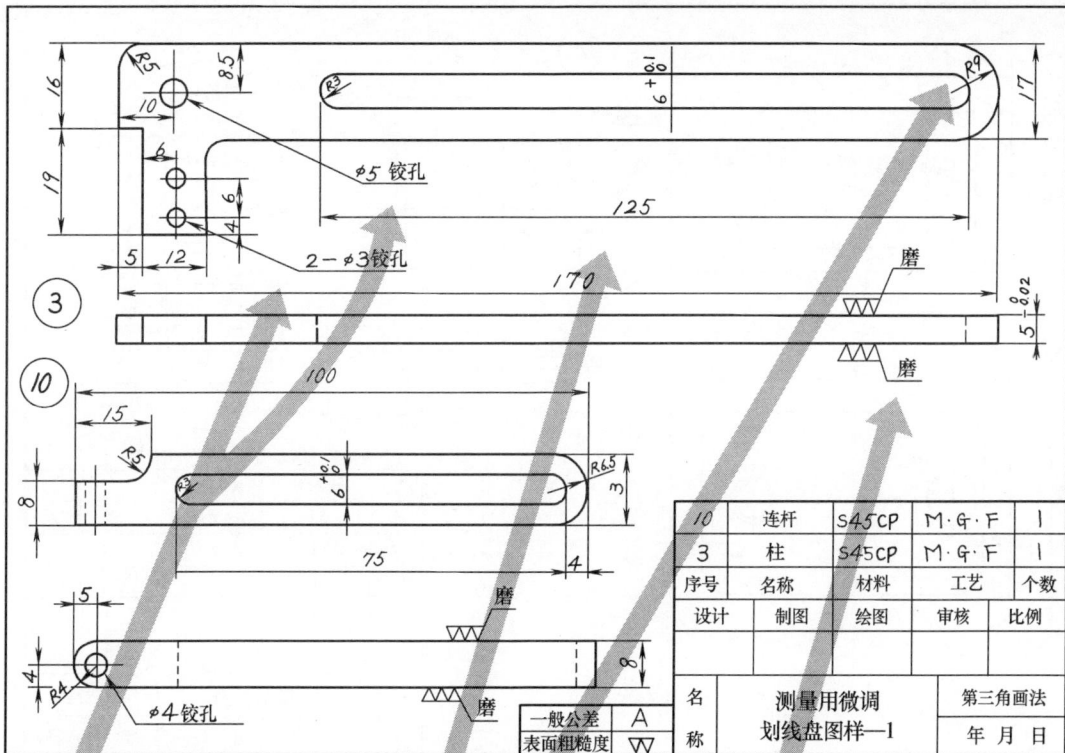

10	连杆	S45CP	M·G·F	1
3	柱	S45CP	M·G·F	1
序号	名称	材料	工艺	个数
设计	制图	绘图	审核	比例

名称	测量用微调划线盘图样—1	第三角画法
		年 月 日

一般公差 | A
表面粗糙度

虽然槽的长度为 125，但考虑到刀具的直径，要按照两端圆弧的中心距离 119 进行加工，宽度 6 是指槽的中心范围，所以一定要注意。

序号③的零件厚度 5，序号⑩的零件厚度 10 的磨削余量应大于 0.4，然后进行铣削加工（参照 130 页）。

根据装配图可以判断，$\phi 5$ 的铰孔与 $2-\phi 3$ 的铰孔要和序号为②、④的零件同时加工，而不能单独进行铰孔。

R9、R6.5、R4 的倒圆角要在加工槽和孔之前进行加工，如果在槽、孔加工后进行，将会对材料产生很大的影响。

▲测量用微调划线盘零件图①

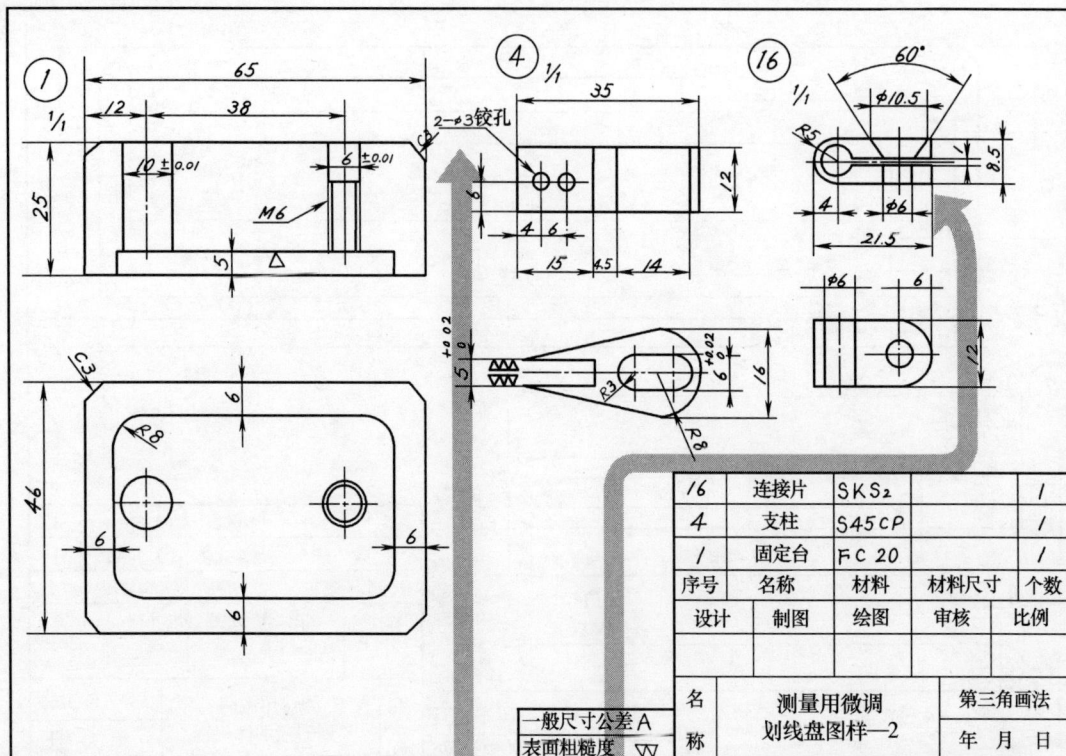

①	½				

16	连接片	SKS₂			1
4	支柱	S45CP			1
1	固定台	FC 20			1
序号	名称	材料	材料尺寸		个数
设计	制图	绘图	审核		比例

名称	测量用微调 划线盘图样—2	第三角画法
		年　月　日

一般尺寸公差A
表面粗糙度　▽▽▽

零件④的 φ2~3 的铰孔要和零件③
同时进行加工。

在 φ6 的孔和 60° 的锥度加工完以
后，再加工宽度为 1 的螺旋槽。

▲测量用微调划线盘零件图②

150

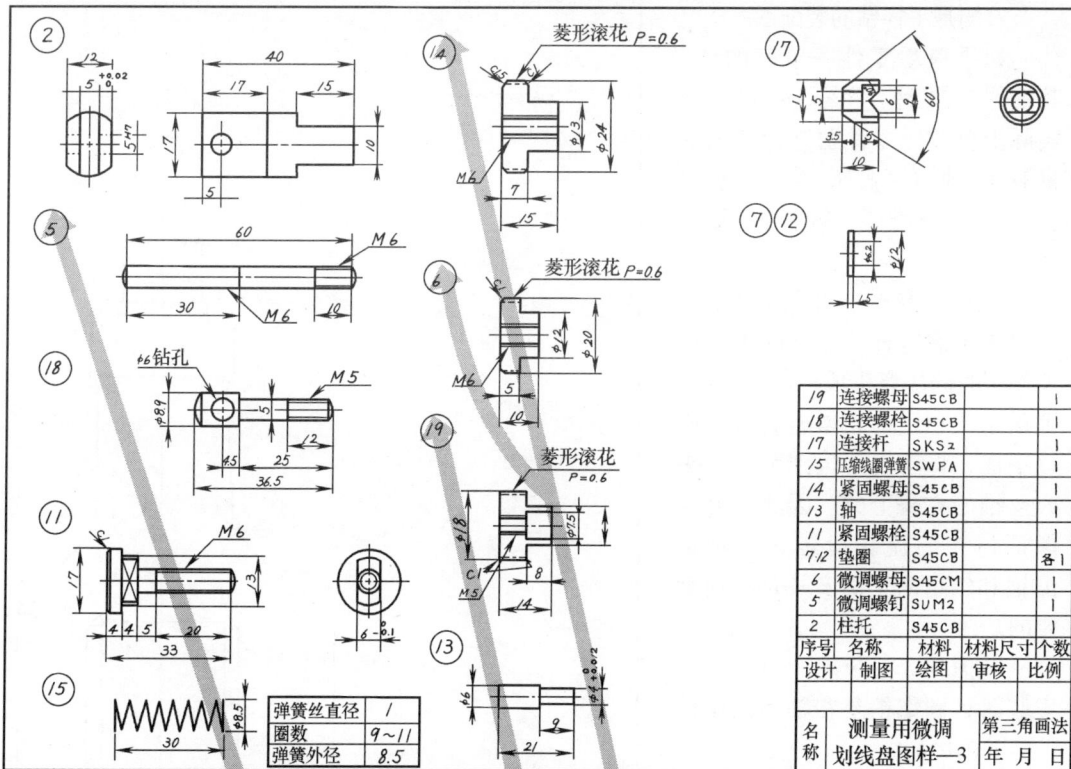

菱形滚花 P=0.6

菱形滚花 P=0.6

菱形滚花 P=0.6

φ6钻孔

19	连接螺母	S45CB		1
18	连接螺栓	S45CB		1
17	连接杆	SKS2		1
15	压缩线圈弹簧	SWPA		1
14	紧固螺母	S45CB		1
13	轴	S45CB		1
11	紧固螺栓	S45CB		1
7/12	垫圈	S45CB		各1
6	微调螺母	S45CM		1
5	微调螺钉	SUM2		1
2	柱托	S45CB		1
序号	名称	材料	材料尺寸	个数
设计	制图	绘图	审核	比例

名称	测量用微调划线盘图样—3	第三角画法
		年 月 日

弹簧丝直径	1
圈数	9~11
弹簧外径	8.5

零件⑥⑭⑲等的滚花加工要提前进行，因为滚轧加工容易使工件变形。

注意不要弄混零件⑥⑭⑲的底孔尺寸，底孔 M5 的钻孔为 φ4.3，底孔 M5 的钻孔为 φ5.1（参照 83 页）

零件⑤的螺纹要使用板牙进行加工，但要注意不要弯曲。

▲测量用微调划线盘零件图③

151

右侧是手摇钻的装配图。

如果单看零件一览表的话，其零件有 21 种（序号①~㉑），但实际上要按照零件图进行加工的只有 15 种（序号①~⑮）。序号⑯~㉑的为标准件，通常在市场上就能买到。

在零件齐全、开始装配时，一定要考虑这种手摇钻的用途以及使用时的注意事项。也就是说，手摇钻是利用齿轮增速装置，通过手摇，将动力传送到装有钻头或丝锥的夹头上的。因此，为了保证齿轮的流畅运转，齿轮定位销和轴承的正确安装是特别重要的。

考虑到今后齿轮的更换，在安装时，圆锥销要在轴两侧保持一定的凸出量。

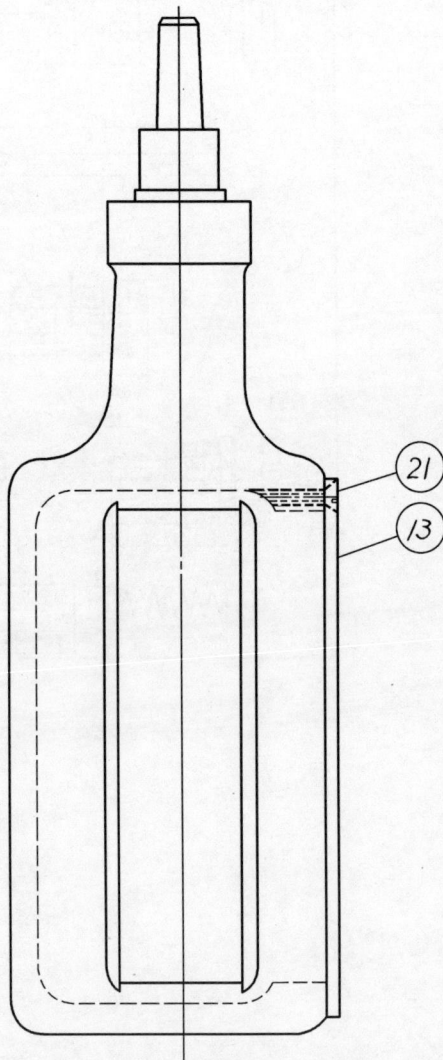

▲手摇钻装配图

夹头 NO.1A

⑧ 轴承打入后的同时加工孔(油孔)

⑩ ⑪ ⑫

⑦
⑧
⑭
⑤
④
③
②
①
⑯

⑱
⑰
⑳
⑨

⑲
⑮
⑥

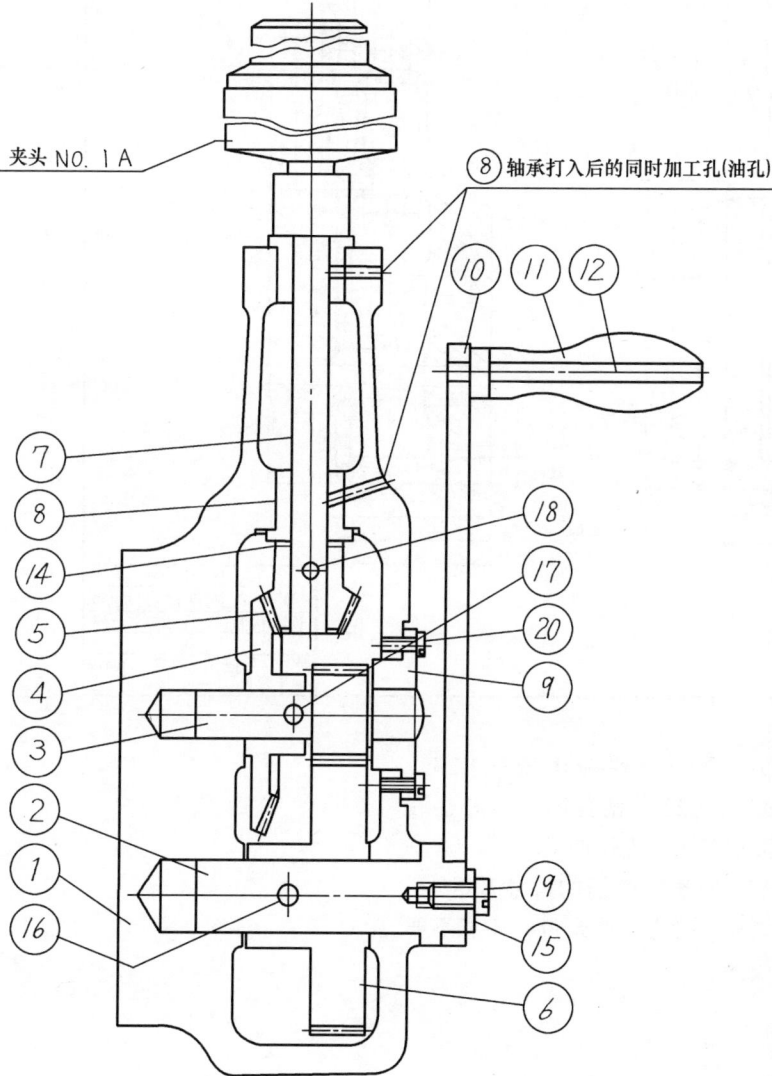

21	沉头小螺钉	标准件	M3-10	4
20	平头小螺钉	标准件	M3-8	2
19	平头小螺钉	标准件	M5-10	1
18	圆锥销	标准件	φ2.5-18	1
17	圆锥销	标准件	φ3-22	1
16	圆锥销	标准件	φ4-25	1
15	垫圈	S 35 C		1
14	垫圈	S 35 C		1
13	盖	SS41		1
12	手柄轴	S 35 C		1
11	手柄	S 35 C		1
10	连杆	SS 34		1
9	轴承	BC 3		1
8	轴承	BC 3		2
7	轴	SKS₂		1
6	直齿圆柱齿轮	S 45 C		1
5	直齿锥齿轮	S 45 C		1
4	直齿锥齿轮	S 45 C		1
3	直齿圆柱齿轮	S 45 C		1
2	摇柄轴	S 35 C		1
1	主体	FC 20		1
序号	名称	材料	材料尺寸	个数
设计	制图	绘图	审核	比例

名称	手摇钻装配图	第三角画法
		年 月 日

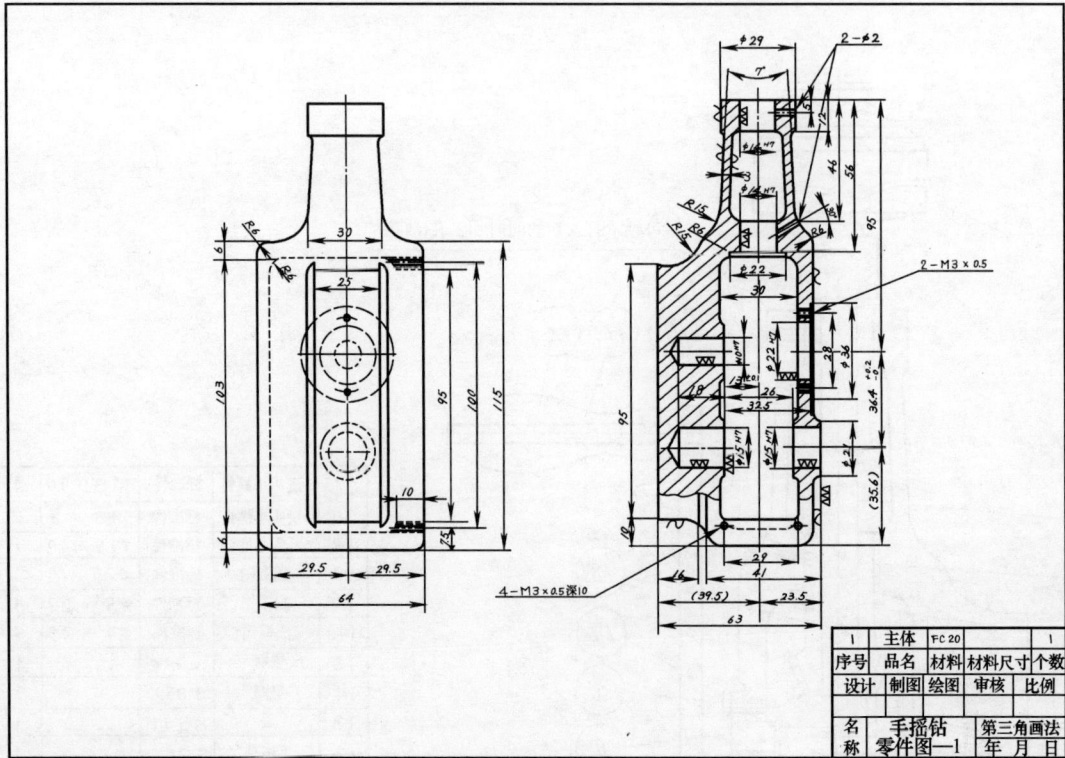

1	主体	FC 20		1
序号	品名	材料	材料尺寸	个数
设计	制图	绘图	审核	比例
名称	手摇钻 零件图—1		第三角画法 年 月 日	

▲手摇钻的零件图①

上图是手摇钻的零件主体部分。

其材料为铸造件，外观为没有经过加工的光滑的铸造表面。所以必须进行加工的地方和不需要加工的地方要通过图样进行判断。

由于齿轮的轴承孔要求的精度很高，所以必须仔细考虑加工工序。

这时要先加工组装用的基准外角面，φ10、φ22、

φ15 等部分要使用铣床加工，φ14、φ22 的锪孔加工最好在装夹在车床上进行加工。

在确定最初的尺寸基准时，要充分考虑铸造余量，注意不要偏斜。

右图为手摇钻的齿轮部分。对于齿轮的加工，其毛坯加工要在车床上进行，切齿加工要使用切齿机。

在车床上进行坯料加工时，要注意的事项为，齿部相对于轴孔或轴要保持必要的同心度。而且在旋转时，如果齿轮的旋转轴和齿部产生振动，齿轮就不能顺利地啮合，因此切齿时的组装，要尽量以轴孔或轴为基准，然后进行加工。

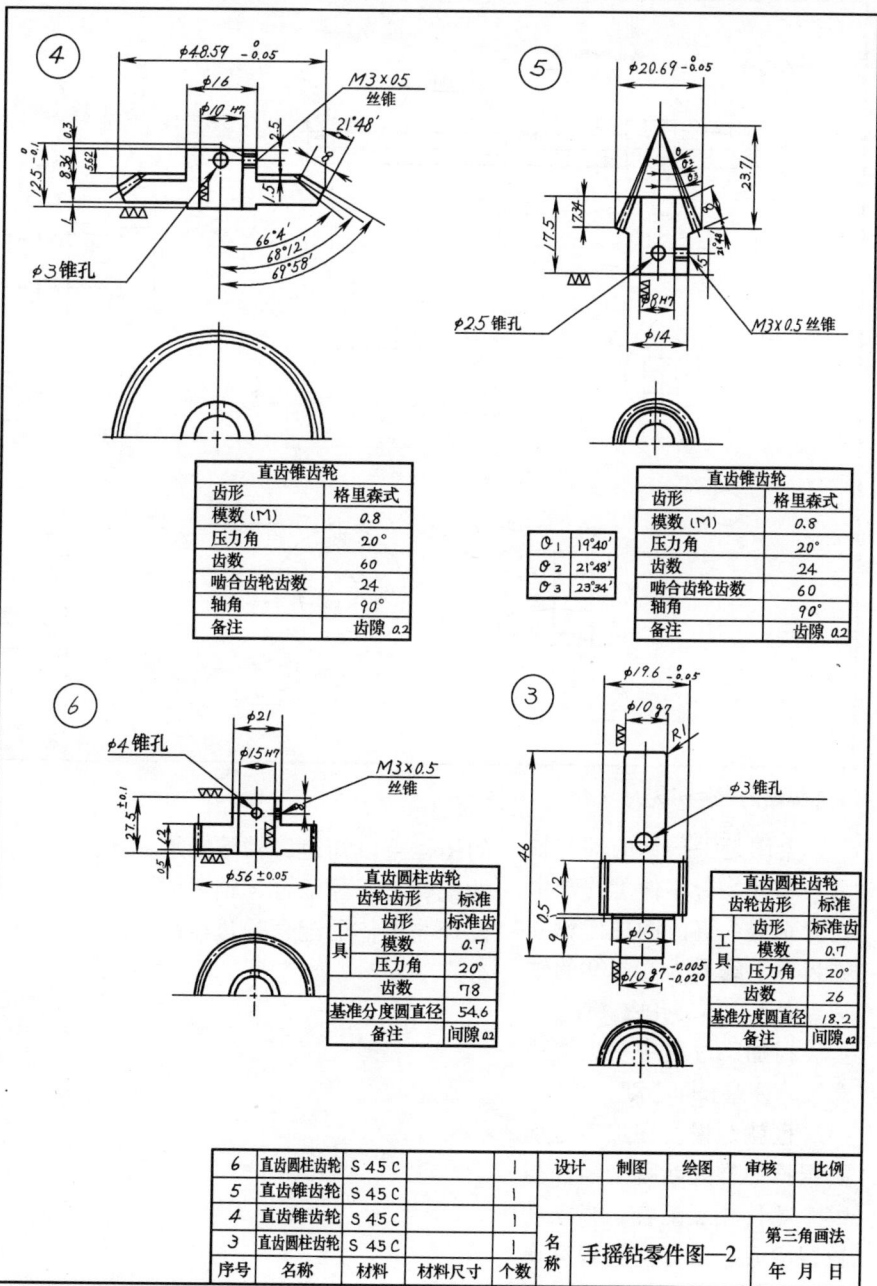

④

直齿锥齿轮	
齿形	格里森式
模数（M）	0.8
压力角	20°
齿数	60
啮合齿轮齿数	24
轴角	90°
备注	齿隙 0.2

⑤

直齿锥齿轮	
齿形	格里森式
模数（M）	0.8
压力角	20°
齿数	24
啮合齿轮齿数	60
轴角	90°
备注	齿隙 0.2

θ_1	19°40'
θ_2	21°48'
θ_3	23°34'

⑥

直齿圆柱齿轮		
齿轮齿形		标准
工具	齿形	标准齿
	模数	0.7
	压力角	20°
	齿数	78
基准分度圆直径		54.6
备注		间隙 0.2

③

直齿圆柱齿轮		
齿轮齿形		标准
工具	齿形	标准齿
	模数	0.7
	压力角	20°
	齿数	26
基准分度圆直径		18.2
备注		间隙 0.2

序号	名称	材料	材料尺寸	个数				
6	直齿圆柱齿轮	S45C		1	设计	制图	绘图	审核	比例
5	直齿锥齿轮	S45C		1					
4	直齿锥齿轮	S45C		1	名称	手摇钻零件图—2		第三角画法
3	直齿圆柱齿轮	S45C		1				年 月 日

▲手摇钻的零件图②

155

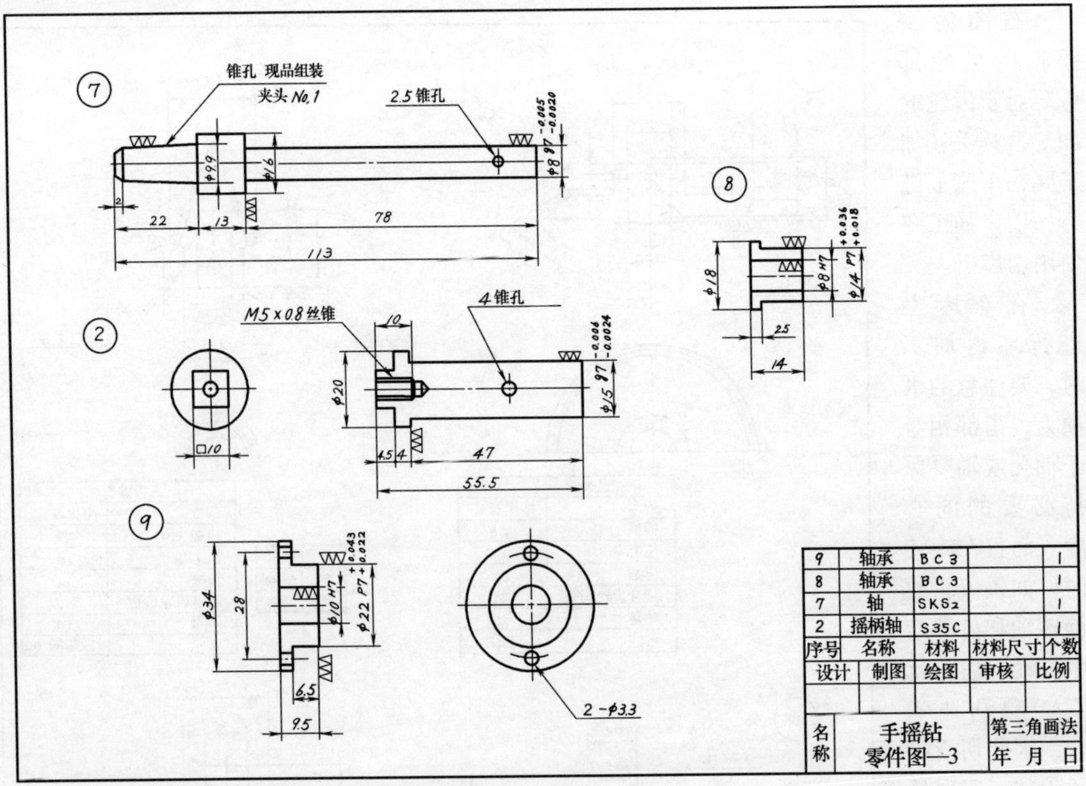

▲手揺钻的零件图③

　上图是手揺钻的轴与轴承。零件②与零件①的轴中要分别嵌入直齿圆柱齿轮和锥齿轮，编号为⑧与⑨的轴承要嵌入主体的孔内。

　在加工过程中一定要注意尺寸公差和同心度。

　也就是说，在加工之前要根据图样判断哪个零件与哪个零件相互配合，当零件数很少时，最好使用现有产品进行加工。而且根据上面的图样可以知道，轴与轴承的配合是间隙配合，轴承的外径与主体的配合是过盈配合。

156

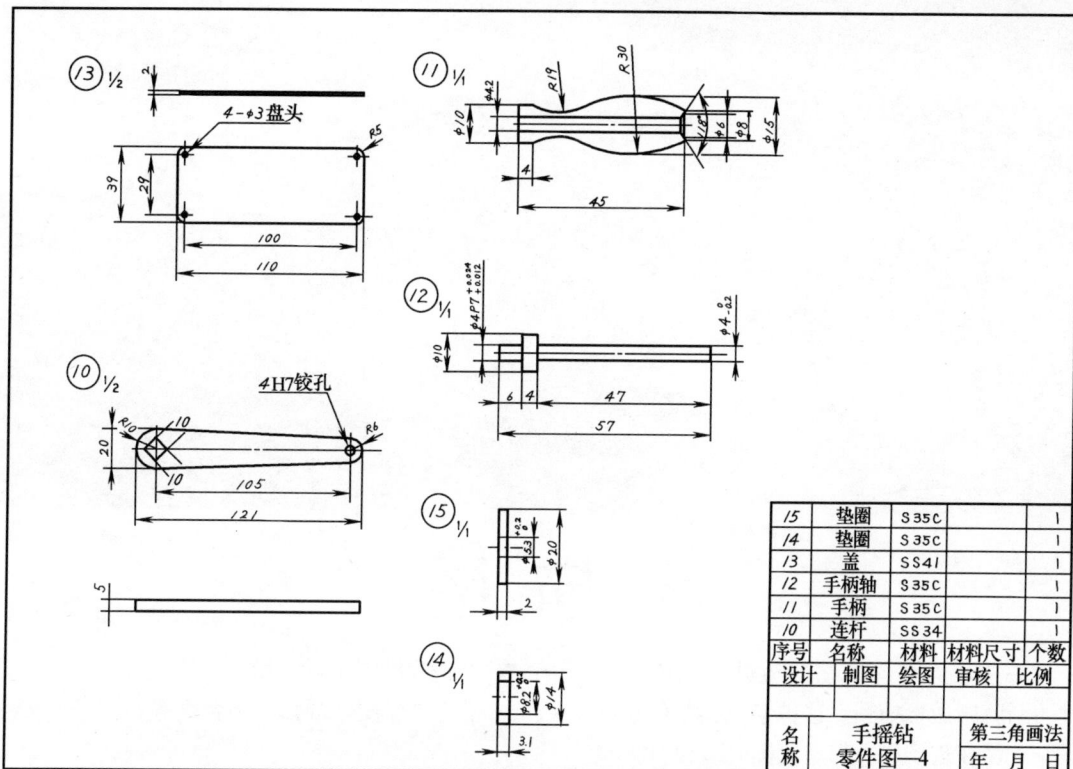

15	垫圈	S 35 C		1
14	垫圈	S 35 C		1
13	盖	S S 41		1
12	手柄轴	S 35 C		1
11	手柄	S 35 C		1
10	连杆	S S 34		1
序号	名称	材料	材料尺寸	个数
设计	制图	绘图	审核	比例

| 名 称 | 手摇钻 零件图—4 | 第三角画法 |
| | | 年 月 日 |

▲手摇钻的零件图④

　　上图是手摇钻的其他零件。这些零件虽然不像主体、齿轮、轴与轴承等零件一样对精度要求很高，但也会对外观产生一定的影响，因此在进行面、倒角等加工时一定要仔细。

　　特别是零件编号为⑩、⑪的手柄和连杆，由于经常用手操作，所以尽量避免出现凸起或毛刺，因为零件⑫在插入手柄以后要将端头部拧紧，所以也要尽量避免出现飞边。

素 描 图

一边看着零件实物一边进行绘图，这时的图就叫做素描图。这种素描图常使用在操作人员在现场进行简单绘图时或设计人员对实物进行仿形时。

在以下情况下利用素描图可以取得很好的效果：

① 在加工与成品相同的工件时。

② 由于现成工件出现破损与磨损，要进行替代加工新工件时。

③ 以实物为模型，加工新产品时。

④ 工件没有图样，而且急于对部件进行加工时。

准备工作

绘制素描图的方法多种多样，但是绘图时使用的用具至少有以下几种：

● 绘制素描图用具：铅笔（深色 2B~HB）、红铅笔、橡皮、纸张、黏合剂等。

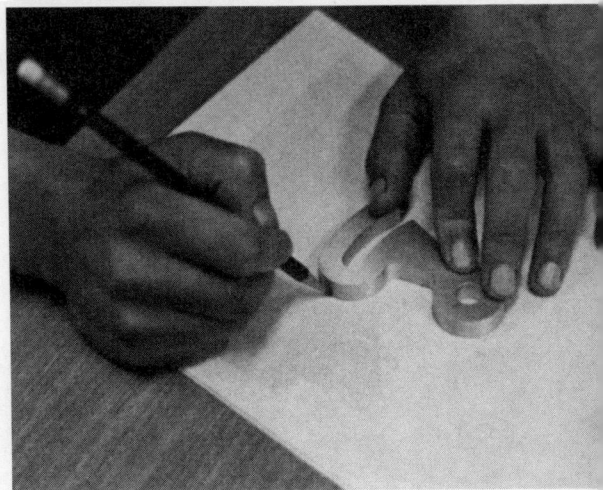

▲仿形绘图法

● 尺寸测量用具：游标卡尺、千分尺、塞尺、卡规、尺子等。

素描图的绘图方法

● 徒手绘图法

这种徒手法是最简便快捷的方法，只要有铅笔和纸就能迅速完成。

为提高绘图的效率，如果是绘制装配件，要首先画出装配图，并标注上零件序号；在绘制零件图时，要从中心零件画起，并明确列出拆卸顺序，标记出整理序号。

虽然全过程都是徒手绘图，但绘图时最好能结合投影法，以使图形更简略。

虽然在绘制素描图时可以不按照原尺寸进行，但尺寸的标注一定要正确。除此之外，材料、表面粗糙度、公差配合等也要无一遗漏地进行标注。

绘图时使用方格纸（坐标纸）可以使绘图变得更容易，如果没有桌子，最好使用活页文件夹作为垫板。

● 仿形绘图法

如零件的外围为不规则的曲线，要想按照实物原样进行等大绘图时，用徒手法显然很难办到，这时就可以使用仿形法。

这种方法是将工件放在纸上，用铅笔沿工件的外围画出工件的形状。由于这种方法并不能将工件的全部形状都仿形下来，所以要把不需要仿形的地方和已经仿形的地方结合起来进行绘图。

当在不稳定的地方，难以将工件直接放到纸上进行仿形绘图时，可以使用铅线、线状熔丝或棒状焊锡等柔软而且能任意弯曲的东西对工件进行仿形，然后将其放在纸上，用铅笔画出其轮廓。

特别是在铸件的外围常常会用到这种仿形绘图法。

● 拓印绘图法

这种方法是在工件表面涂上墨、蓝色钢笔、铅丹等，然后按到纸上拓出工件的实际形状。如果工件表面很平滑的话，这种方法

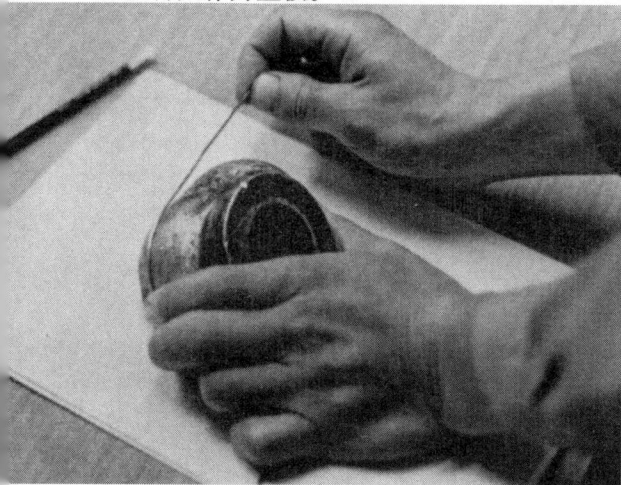

▲铅线仿形绘图法

▲拓印绘图法

▲将样本放到砂轮机上进行火花试验

● 照相法

照相法是给工件拍照，然后放大到合适的大小。这种方法简便，而且得到的素描图立体感强，便于理解。照相法主要使用在以下几种场合：当机器很大，手伸不到其内部时；工件的形状很复杂，徒手绘图法难以使人看明白时；工件很小必须进行放大时。

当工件的角边处倒了圆角，由于光线的原因而看不清界限时，可以用粉笔在其面上涂抹后再照相，这样就容易使人看清了。

材料的区分

在绘制素描图时，有必要准确无误地把材料画出来。区分材料的方法有很多种，但判断常用钢的种类时，可以把材料的两端放到砂轮机上进行磨削，然后根据火花的状态判断其碳含量。

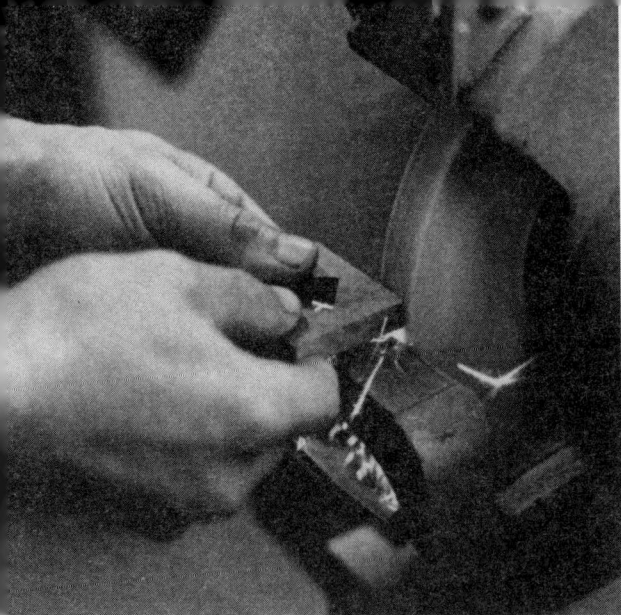

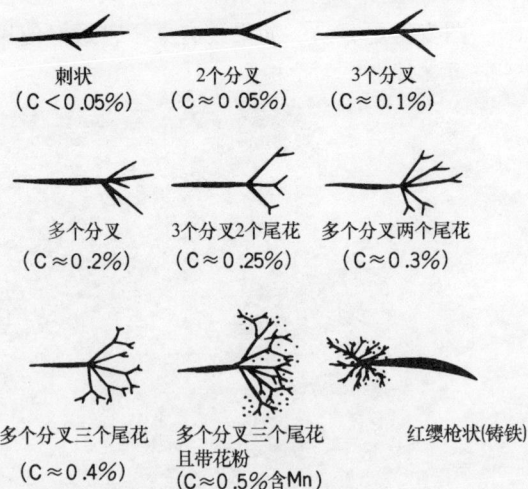

的效率非常高。而且由于是按照实物进行等大拓印，就可以直接在拓印纸上测量工件的尺寸，从而将使绘图变得更容易。

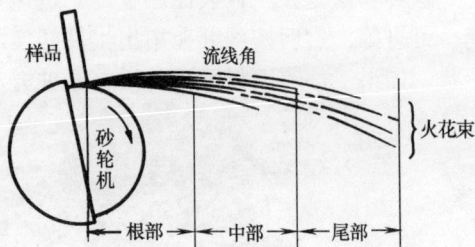

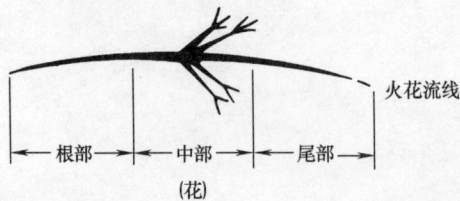

a) 砂轮机磨削时火花的名称

刺状
(C<0.05%)

2个分叉
(C≈0.05%)

3个分叉
(C≈0.1%)

多个分叉
(C≈0.2%)

3个分叉2个尾花
(C≈0.25%)

多个分叉两个尾花
(C≈0.3%)

多个分叉三个尾花
(C≈0.4%)

多个分叉三个尾花
且带花粉
(C≈0.5%含Mn)

红缨枪状(铸铁)

b) 火花的流线形状

▲使用砂轮机进行火花检查（一种判定碳素或特殊元素存在的方法）

▼通过颜色或光泽判别金属种类

材质	加工面
铸铁	表面粗糙无光泽
铸钢 钢	表面光滑呈银灰色
黄铜	淡黄色光泽
青铜	橙色且随着含碳量的增加颜色逐渐变绿
铜	暗红色且质软
软质合金	银白色且质量很轻

通常情况下，各种金属材料都具有明显不同的颜色，因此可以通过颜色和光泽对金属材料进行大致的判断。

表面粗糙度的判定

在素描图上标注加工代号时，要考虑好其使用后再进行标注。在配合面、移动部分等重要部位必须标注出精密加工代号时，如果不明白表面粗度的大小，可以和表面粗糙度比较样块进行比照再确定。

素描图的总结

以上介绍了素描图的方法与效果。作为总结，下面再讲一下绘制素描图时需要知道的一些事项。

① 即使对轴与轴承、旋合的外螺纹与内螺纹、锥度、倾斜度等配合部分的尺寸进行逐一测定，也不能保证这些尺寸值都合适。为什么这样说呢？因为在工件磨损之后，本来的过渡配合就会变成间隙配合；而一些自由活动的部位，由于工件的变形就会

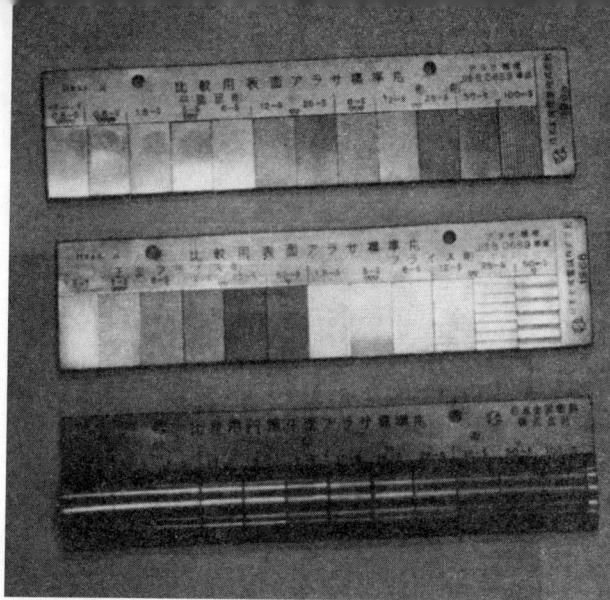

▲表面粗糙度比较样块

变得不能活动了，这种情况是很常见的。

这时，就必须考虑配合尺寸，以及磨损、变形之前的正确尺寸。

② 多考虑进行素描的工件的功能，确认是否真的需要原尺寸的素描图。

在没有妨碍的情况下，即使有些部位的形状尺寸与实物有差异，也没有必要写到明细表里，这样可以使绘图和加工都变得更容易。

③ 当把素描图转化为真正的加工图时，要尽早进行，这样可以一边回忆素描图时的情形，一边制图，有利于准确把握图样的重点。

加工图中必须记入的事项至少要包括：材料、个数、热处理法、配合零件的零件序号。

④ 如果工件很小、形状很复杂，难于直接测量其尺寸时，一个简便的方法就是用投影机将其放大，然后再读取尺寸。